BERNHARD FREYER
GABRIELE PIETSCH
REGINA HRBEK
SILVIA WINTER

W0323659

FUTTER- UND KÖRNER-LEGUMINOSEN

IM BIOLOGISCHEN LANDBAU

ZUKUNFT
BIOLANDWIRTSCHAFT

avBUCH

Inhalt

Vorwort

Die Futterleguminosen nehmen im Betriebssystem der biologischen Landwirtschaft eine zentrale Position ein. Bis in die sechziger Jahre ist ihnen auch in der herkömmlichen Landwirtschaft ein hoher Stellenwert zugekommen.

Heute sind sie dort wo der Silomaisanbau eingeschränkt ist von Bedeutung, ebenso als Grünbrache, wenn auch in einem weitaus geringeren Ausmaß als in den biologischen Betrieben. Im Biobetrieb werden sie auf allen Flächen etwa mit einem Anteil von 15–20 % – mitunter auch mehr – angebaut.

Der Anteil der Körnerleguminosen in der Fruchtfolge ist von jeher gering und nimmt selten mehr als 13–17 % der Fläche im langjährigen Mittel eines Betriebes ein. Im biologischen Betrieb mit Schwerpunkt Körnerleguminosen kann der Anteil etwas höher sein. Insgesamt liegen die Werte im Mittel aller Betriebe deutlich unter 10% der Ackerfläche.

Insbesondere im Zwischenfruchtanbau sind die Körnerleguminosen weit verbreitet. Als Eiweißträger für die Fütterung sind sie in der biologischen Wirtschaftsweise unverzichtbar.

Mit der Ausbreitung des Anbaus der Leguminosen hat auch das Interesse an Informationen zu diesen Kulturarten, zur Artenvielfalt, der Produktion und der

Gesunderhaltung an Bedeutung wieder zugenommen. Die zusammengestellten Informationen umfassen allgemeine Hinweise zum Anbau, denen generelle Gültigkeit in allen Produktionssystemen zukommt. Darüber hinaus wurden die Besonderheiten für den Anbau im biologischen Landbau aufbereitet. Insbesondere bei den Futterleguminosen sind die ältere Literatur und das Erfahrungswissen aus der Praxis von Bedeutung. Die Informationsdichte zu den einzelnen Leguminosen ist allerdings sehr unterschiedlich.

Die Vorstellung einer breiten Palette an Leguminosen wurde als sinnvoll erachtet, um ergänzend zu den klassischen Kulturen Informationen über Anbaualternativen bereitzustellen. Diesen kommt umso mehr Bedeutung für die Sicherung der Pflanzengesundheit zu, je höher die Flächenanteile der Leguminosen innerhalb eines Betriebes sowie einer Region ausfallen. Standort- und sortenspezifische Besonderheiten sowie regions- und betriebsspezifische Lösungen sind jeweils zu beachten.

Für wertvolle Hiweise danken wir Andreas Sarg, Walter Dietl, Franz Heissenberger, Josef Strommer, Werner Zollitsch, Erich Pötsch und Helmut Wagentristl, für die Bereitstellung von Bildern Andreas Sarg. Dem Verlag danken wir für die Übertragung der Aufgabe und Alexandra Mlakar für die Betreuung seitens des Verlags.

A Futterleguminosen

1 Einführung

1.1 Die Bedeutung der Futterleguminosen im biologischen Landbau

Die Futterleguminosen nehmen im biologischen Landbau sowohl im Betrieb mit Tierhaltung als auch im viehlosen Acker- und Gemüsebaubetrieb die Rolle der Versorgung des Betriebes mit Stickstoff und Kohlenstoff (organische Substanz) ein.

Im reinen Ackerbaubetrieb basiert die innerbetrieblich erzeugte Bodenfruchtbarkeit primär auf dem mehrjährigen Futterleguminosenanbau. Wird dort ein Aufwuchs verkauft, so ist zu bedenken, dass damit dem Betrieb auch Bodenfruchtbarkeit und Nährstoffe verloren gehen. Im Gemischtbetrieb ergänzt der über das Dauergrünland und die Tierhaltung gewonnene Stallmistkompost die Bodenfruchtbarkeit im Ackerbau.

In den tierhaltenden Betrieben liefern die Futterleguminosen wie kaum eine andere Pflanzengruppe die Grundlage für die Eiweißversorgung.

1.2 Umweltwirkungen des Futterleguminosenanbaus

Den Futterleguminosen kann eine Vielzahl von umweltrelevanten Wirkungen zugeschrieben werden. Zunächst gelten sie als Pionierpflanzen zur Urbarmachung von Grenzstandorten, der Erstbesiedelung von erodierten Böden und der Befestigung von Hanglagen zum Schutz vor Erosion.

Zentrale Bedeutung kommt ihnen im Bodenschutz innerhalb des Ackerbaus zu. Durch ihr je nach Art tiefreichendes und verzweigtes Feinwurzelsystem können sie Nährstoffe und Wasser aus dem Unterboden aufschließen. In den Unterboden verlagerte Nährstoffe – insbesondere auch Stickstoff – werden von der Pflanze aufgenommen, vor der Auswaschung in das Grundwasser bewahrt und in die oberen Bodenhorizonte transportiert.

Der mehrjährige Futterleguminosenanbau fördert von allen Kulturarten die Bodenfruchtbarkeit am nachhaltigsten. Die mehrjährige Bodenruhe unterstützt den Aufbau von Humus, die Erhöhung der Wasserspeicherfähigkeit und die Organismenvielfalt im Boden und die Stabilisierung der Bodenstruktur.

Die Fähigkeit der Leguminosen, die Symbiose mit Knöllchenbakterien einzugehen, ermöglicht allein mit dieser Pflanzenfamilie die Deckung des Stickstoffbedarfs im landwirtschaftlichen Betrieb. Damit kann ein bedeutender Anteil an Fremdenergieeinsatz in der Landwirtschaft eingespart werden. Die Wurzelproduktion der Futterleguminosen trägt maßgeblich zur Steigerung des Humusgehalts der Ackerböden und dem Aufbau einer stabilen Krümelstruktur bei. Das Aufschlussvermögen der Leguminosen ermöglicht eine effiziente Nutzung bodeneigener Nährstoffe.

Die Futterleguminosenmischbestände mit Gräsern und Kräutern fördern eine Vielzahl von Organismen, denen auch im Agrarökosystem wichtige Funktionen in der Gesunderhaltung der Kulturarten zukommen. Zu nennen sind z. B. Laufkäferarten, Insekten (Schwebfliegen, Hummel, [Wild-]Bienen oder Spinnen). Sie bieten Hasen, Fasanen, Feldlerchen, Rebhühnern und Wachteln Schutz, Lebensraum und Nahrungsgrundlage.

Indem die Futterleguminosen dazu beitragen, dass Starkverbeikrautungen sowie Problembeikräuter minimiert und Schaderreger im Boden abgebaut werden, wird ein Anbau ohne umweltbelastende Herbizide und Pflanzenschutzmittel möglich.

Während des Anbaus der Futterleguminosen beträgt der Nitratgehalt im Boden ca. 10–30 kg/ha. Nach dem Umbruch können deutlich höhere Werte auftreten. Strategien zur Vermeidung von Nitratverlagerungen und dem Eintrag von Nitrat in das Grundwasser, wie z. B. Mischungen mit Nicht-Leguminosen oder spezifische Bodenbearbeitungsverfahren und -termine nach dem Umbruch oder die Abfuhr und Verarbeitung von Mulch, sind weitgehend bekannt (siehe Kapitel 3.1).

Ein vermehrter Anbau von Leguminosen kann auch Schaderregern einen neuen Lebensraum bieten. Von daher ist auf eine sorgfältige Auswahl an Arten, Sorten und deren Mischungen zur Minderung des Auftretens von Schaderregern zu achten, um auch in Zukunft einen gesunden Anbau dieser Pflanzengruppe zu gewährleisten.

2 Standortansprüche und Fruchtfolge

2.1 Boden- und Klimaansprüche im Vergleich

Die Vielzahl an Futterleguminosen ermöglicht für jeden Boden, jedes Klima und jeden pH-Wert die Auswahl einer geeigneten Art (Tabelle 1, Abbildung 1, Abbildung 2 und Abbildung 3). Fast für alle Standortbedingungen stehen mehrere ein- und mehrjährige Leguminosen und geeignete Grasmischungspartner zur Verfügung. Wund- und Hornklee sowie Luzerne und Steinklee kommen am besten mit trockenen Bedingungen zurecht, Weiß-, Rot- und Schwedenklee mit frischen bis feuchten Böden (Abbildung 1). Auf den leichten Böden ist der Wundklee, die Serradella und der Weiße Steinklee zuhause, auf den tonigen am ehesten der Schwedenklee (Abbildung 2). Die Gräser lassen sich ebenso nach Standorteigenschaften gruppieren (Tabelle 11).

Optimale Wachstumsbedingungen sind eng an den pH-Wert gebunden. Der optimale pH-Wert für Rotklee liegt bei 6,0–7,5, bei sonst günstigen Bedingungen erträgt der Rotklee aber auch einen pH-Wert um 5. Zu beachten ist, dass über die Wurzelausscheidungen von Leguminosen der pH-Wert im Boden gesenkt wird. Eine ausreichende Kalkversorgung der Luzerneböden ist ebenso wichtig, da die Luzerne und deren Rhizobien mit abnehmendem pH-Wert ihr Wachstum einschränken. Ein pH-Wertbereich von 6,2–6,6 wird von daher als Untergrenze für den Luzerneanbau angesehen. Der optimale pH-Wert der Luzerne liegt im Bereich zwischen 7,0 bis 7,5. Serradella ist am besten an saure Bedingungen angepasst, während Esparsette, Weißer Steinklee, der Gelbklee und die Luzerne alkalische Böden bevorzugen (Abbildung 3).

TAB. 1: *Anbaudauer und standortsspezifische Anforderungen der Futterleguminosen*

Kulturart	Ein-jährig	Über-/mehr-jährig	angepasst an …				
			Frost	Extrem trocken	Extrem nass	Kühl feucht	Mild warm
Alexandrinerklee	+			±			+
Esparsette		+	+	+		±	+
Gelbklee		+	+	+		+	+
Hornklee		+	+	+	±	+	+
Inkarnatklee		+	±	±			+
Luzerne	+	+	±	+			+
Perserklee	+			±			+
Rotklee		+	±			+	+
Schwedenklee		+	+		+	+	
Serradella	+			±		+	
Steinklee	+	+	+	+			+
Weißklee	+	+	+			+	+
Wundklee		+	+	+		+	+

Quelle: nach mehreren Autoren

+ = ja; ± = teilweise

ABB. 1: *Klimaansprüche der Klee- und Grasarten*

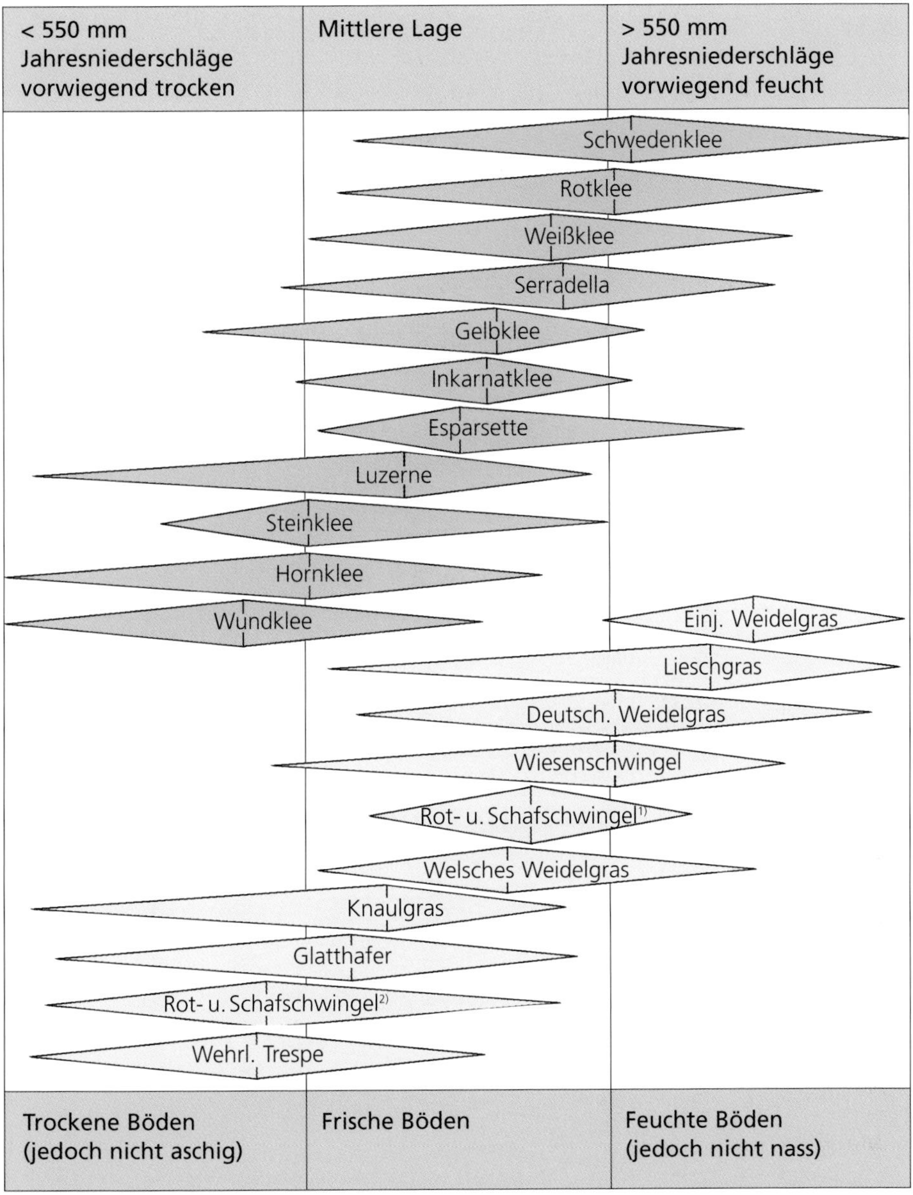

Quelle: Simon (1960a); verändert, ergänzt

1 = vornehmlich zur Samennutzung; 2 = vornehmlich zur Bodenverbesserung (einjährig)

ABB. 2: *Bodenansprüche der Klee- und Grasarten*

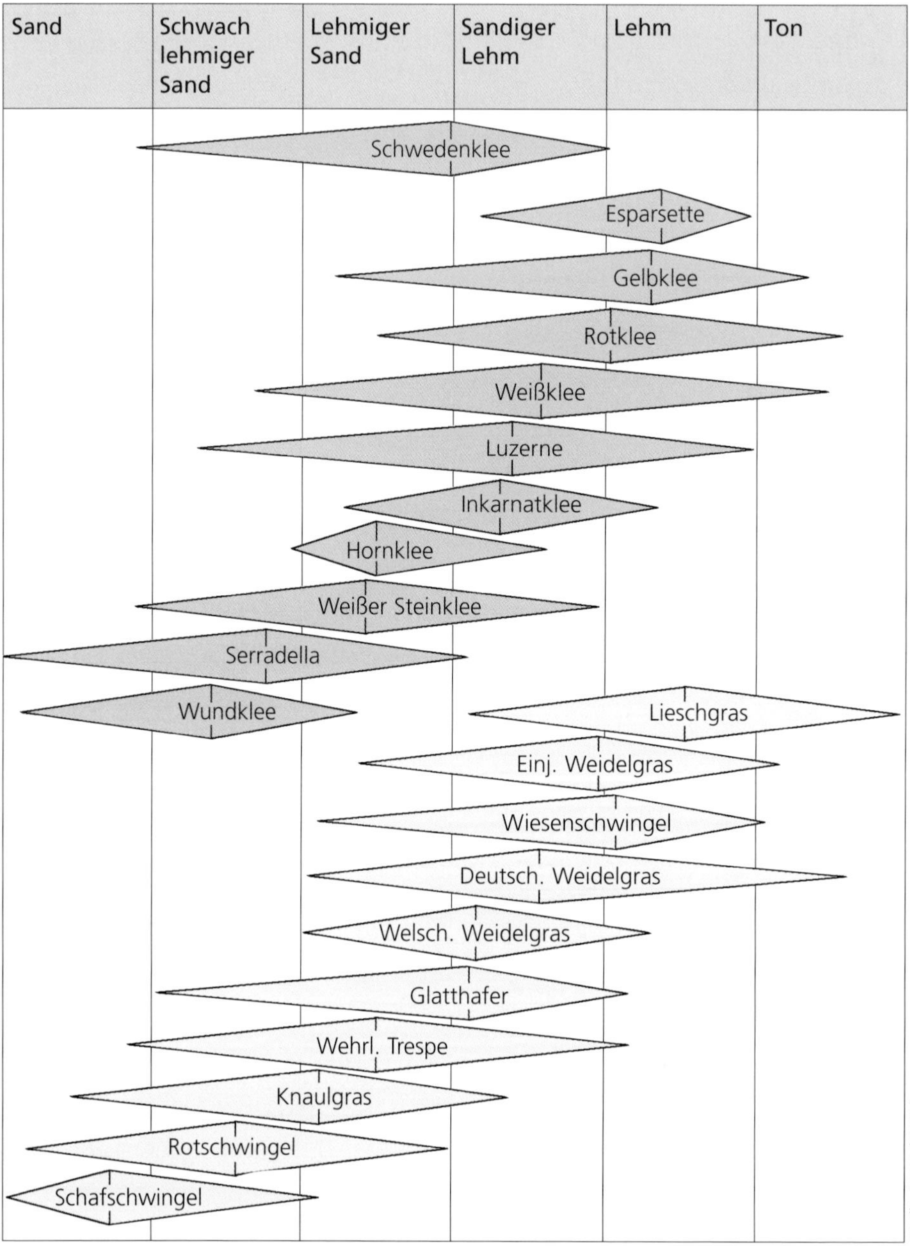

Quelle: Simon (1960a)

ABB. 3: *Reaktionsansprüche der Kleearten (pH in KCl)*

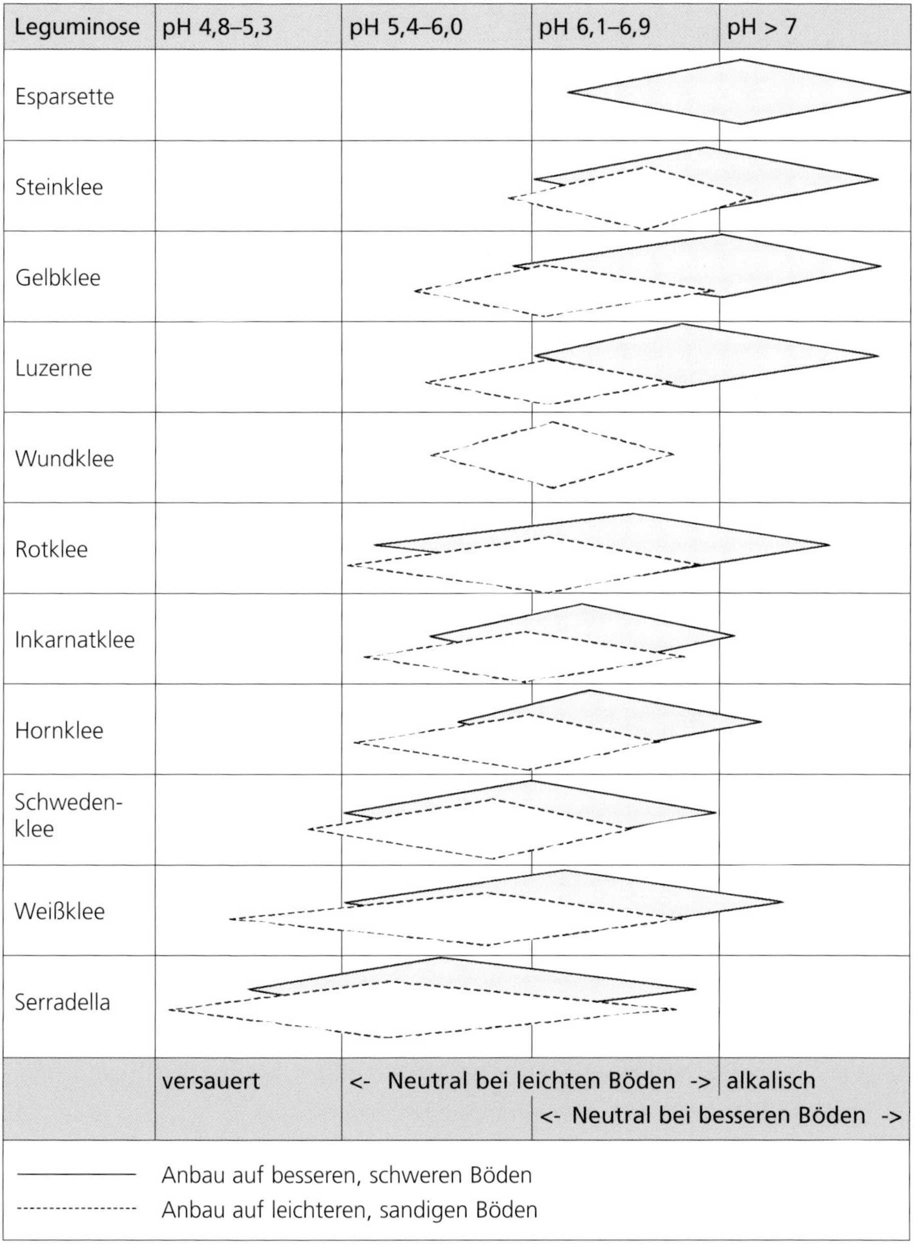

Quelle: Simon (1960a)

2.2 Vorfruchtwert und Stellung in der Fruchtfolge

Der Vorfruchtwert einer Kultur besteht zum einen in der direkten Wirkung auf die unmittelbar folgende Frucht und zum anderen auf der indirekten Wirkung, welche längerfristig in der gesamten Rotation über den Boden als Mittler wirksam wird.

Der Vorfruchtwert umfasst

- die Bodenbeschattung und Erosionsvermeidung,
- die Versorgung des Bodens mit Nährhumus (kurzfristig mineralisierbar) und Vorstufen für die Bildung von Dauerhumus (Nährstoff- und Wasserspeicher),
- die kurz- und mittelfristige Stickstoffversorgung,
- die Förderung der Mikroorganismenvielfalt und -masse für die Mineralisation und temporäre Nährstoffeinlagerung,
- die Ernährung einer Vielzahl von Bodenlebewesen,
- die Tiefendurchwurzelung zur Förderung der Porenstruktur für den Wasser- und Lufthaushalt und Wasseraufnahme aus unteren Bodenschichten,
- die Aufnahme und Mobilisierung von Nährstoffen aus unteren Bodenschichten,
- die Förderung der Krümelstabilität des Bodens über die Bildung von Ton-Humuskomplexen,
- die Unterdrückung und Reduktion von Beikräutern sowie im Besonderen die Bekämpfung von Wurzelbeikräutern (Distel, Ampfer) durch Standraumkonkurrenz und Schnitt, Mulch oder Weide,
- die phytosanitären Wirkungen gegenüber Schaderregern wie z. B. der Getreidefußkrankheiten und Rübennematoden.

Der Vorfruchtwert von Futterleguminosengemengen variiert je nach Dichte, Reinheit, Alter und Gräseranteil. Im Anbau mit Gräsern nimmt der Feinwurzelanteil im Oberboden zu, das C/N-Verhältnis verändert sich zugunsten des Kohlenstoffs. Überalterte, vergraste Bestände – insbesondere mit Quecken durchsetzt oder hohem Knaulgras- oder Weidelgrasanteil – können bei unzureichender Bodenbearbeitung nach dem Umbruch durchwachsen. Selbst gute Bestände können zur schlechten Vorfrucht werden, wenn die Nachfrucht durch ein überhöhtes Stickstoffangebot in Lager geht oder aus Qualitätsgründen nur begrenzte Stickstoffmengen verträgt.

Bezogen auf den Stickstoff ergibt sich der Vorfruchtwert aus dem N-Gehalt und dem Ertrag der Wurzel- und Stoppelrückstände (Tabelle 2, Tabelle 6). Im Vergleich zu anderen Kulturarten hinterlassen die Futterleguminosen für bis zu zwei bis drei Folgekulturen eine Stickstoffmenge für einen ansprechenden Ertrag. Die N-Mengen der Wurzeln variieren je nach Anbaubedingungen. Sie stellen nur einen Teil des tatsächlich zur Verfügung stehenden Stickstoffs dar. So ist über abgestorbene Feinwurzeln und Wurzelausscheidungen mit zusätzlich wirksamen Stickstoffmengen für die Folgekulturen zu rechnen. Auch der Wurzeltyp bestimmt den Vorfruchtwert (Tabelle 3). Hier treten unterschiedliche Fähigkeiten in der Unterboden- sowie Oberbodendurchwurzelung zutage. Tiefwurzler fördern insbesondere das Tiefenwachstum der Wurzeln der Folgekulturen, was bei Wassermangel von Vorteil ist. Luzerne und weniger die Esparsette verbrauchen zwar viel Wasser, können ihren Bedarf aber aus den Reserven tieferer Bodenschichten decken. Flachwurzler fördern die Krumenbildung, wobei diese Leistung besonders von den Gräsern erbracht wird.

Bei ungünstiger Verteilung der Niederschläge (Trockenperioden), wird der über Leguminosen akkumulierte Stickstoff für die Folgekulturen nicht ertragswirksam. Selbst eine Untersaat kann bis zu 80 mm/ha beanspruchen und bei der Folgekultur zu Wasserknappheit führen, wenn Niederschläge ausbleiben. Frühzeitiger Umbruch von mehrjährigem Feldfutteranbau mit geringer Bodenbearbeitungsintensität hilft Wasser sparen (siehe Kapitel 3.1).

TAB. 2: *Stickstoffmengen in Spross und Wurzeln verschiedener Leguminosen*

Kulturart	Spross in kg N/ha	Wurzel und Stoppel in kg N/ha	Gesamt in kg N/ha
Alexandrinerklee	412	125	537
Esparsette	184	140	324
Gelbklee	332	132	464
Inkarnatklee	210	88	298
Luzerne (dt. Sorte)	469	156	625
Luzerne (arab. Sorte)	346	166	512
Perserklee	402	123	525
Rotklee	381	118	499
Schwedenklee	303	173	476
Serradella	289	77	366
Weißklee	322	130	452
Wundklee	209	143	352

Quelle: Kahnt (1986) Standort Hohenheim, ca. 700 mm

TAB. 3: *Wurzeltypen der Futterleguminosen*

Tief wurzelnd	Mitteltief wurzelnd	Flach wurzelnd
Steinklee	Rotklee	Weißklee
Luzerne	Schwedenklee	Gelbklee
Hornklee	Wundklee	Inkarnatklee
Esparsette	Alexandrinerklee	
	Perserklee	

Quelle: nach mehreren Autoren

Auf niederschlagsärmeren Standorten nimmt der Vorfruchtwert der verschiedenen Leguminosen in folgender Reihenfolge zu: Inkarnatklee, Schwedenklee < Weißklee, Rotklee, Gelbklee < Esparsette, Gelber Steinklee, Hornklee < Alexandrinerklee, Perserklee, Weißer Steinklee, Wundklee < Luzerne. In niederschlagsreicheren Gebieten steht Rot- und Weißklee an erster Stelle, dann folgen bei milder Witterung Alexandriner- und Perserklee, bei kühler Witterung der

Schwedenklee. Der Vorfruchtwert der Gräser ist bei den Weidelgräsern hoch, Glatthafer, Wehrlose Trespe und Knaulgras mittel und bei Rotschwingel, Wiesenlieschgras, Schafschwingel und Wiesenrispe eher gering. Die Ertragswirkung von Glatthafer, Deutschem Weidelgras, Wiesenschwingel und Schafschwingel ist aufgrund der verzögerten Mineralisation der Wurzelrückstände im zweiten Nachfruchtjahr höher.

Die Futterleguminosen stehen idealerweise zu Beginn der Fruchtfolge als Vorfrüchte der ökonomisch wichtigsten Kulturen (z. B. Tabelle 5). Damit wird im biologischen Landbau die Basis für einen erfolgreichen Anbau von Markt- und anderen Futterfrüchten gelegt.

Luzerne- und Rotkleegras sind sehr gute Vorfrüchte für Winterweizen, Dinkel, Futtersommergerste, Hafer, aber auch für Hackfrüchte wie Kartoffeln, Silo- und Körnermais und eingeschränkt auch für Futterrüben. Welche Kulturart letzen Endes gewählt wird, ist eine Entscheidung auf der Grundlage der Standorteigenschaften (z. B. der Stickstoffdynamik nach Umbruch) und der für den Betrieb geeigneten Kulturartenauswahl für die gesamte Fruchtfolge. Zwar können Hackfrüchte mit ihrer vergleichsweise längeren Vegetationsperiode den Stickstoff besser ausnutzen, deren Abreife wird jedoch verzögert. Für die Zuckerrüben eignet sich der Klee als Vorfrucht nicht, da einerseits die Ernterückstände die Etablierung eines feinen Saatbettes erschweren und andererseits eine Spätmineralisation von Stickstoff aus den Ernterückständen den Zuckergehalt vermindern kann. Auch Braugerste scheidet als Folgefrucht aus. Der Perserklee eignet sich als nematodenabweisende Kulturart besonders vor Kartoffeln, Futterrüben und Raps. Steinklee gilt als gute Vorfrucht für Kartoffeln oder Silomais.

Futterleguminosengemenge können nach Getreide oder als Untersaat potenziell in praktisch alle Getreidearten eingesät werden (siehe Kapitel 3.2). Als Vorfrucht für die Futterleguminosen eignen sich v. a. die frühräumende Winter- und Sommergerste, aber auch Roggen, Hafer oder Triticale. Entscheidend sind das Wasserangebot und die Niederschlagsverteilung über die Vegetationsperiode sowie die Bestandsdichte der Deckfrucht. Winterweizen oder Dinkel wird eher selten als Deckfrucht verwendet, da diese vorrangig nach den Leguminosen angebaut werden. Auch stallmistgedüngte Hackfrüchte werden als gute Vorfrucht genannt (Klapp 1958). Vergraste Vorfrüchte sind zu meiden.

Steinklee wird in Roggen oder Sommergerste eingesät. Luzerne ist lichthungriger als der Rotklee, insofern sind lichtdurchlässige, eher dünn gesäte und eher frühräumende Deckfrüchte sowie Reinsaaten zu bevorzugen. Der Steinklee kann auch mit Futterroggen im Herbst ausgesät werden, nach der Futterroggennutzung ist noch eine Schnittnutzung oder Herbstweide möglich. In feuchten Gebieten ist Hafer die gängige Deckfrucht. Da die Esparsette leicht verbeikrautet, sollte sie nach Hackfrüchten angebaut werden.

2.3 Anbaupausen und Verträglichkeit der Futterleguminosen untereinander

Die Kleearten bzw. Luzerne sollten untereinander generell im zeitlichen Abstand von mindestens drei Jahren auch zu den anderen Futterleguminosen angebaut werden. Eine enge Stellung von weniger als zwei Jahren zu den Körnerleguminosen (Tabelle 31) macht allein schon ackerbaulich keinen Sinn. Im Zwischenfruchtbau sind immer andere Leguminosen als im Hauptfruchtanbau zu wählen und mit Nicht-Leguminosen zu ergänzen.

Der Rotklee, die Luzerne, aber auch Steinklee, Esparsette oder Inkarnatklee sind nicht mit sich selbst verträglich. Sie sind daher nur alle 5–7 Jahre in Reinkultur anzubauen. Bei Rotkleegrasanbau sind Anbaupausen von 4–6 Jahren einzuhalten. Rotklee und Inkarnatklee werden von Kleekrebs befallen, dessen Sklerotien bis zu 7–8 Jahre im Boden überdauern können (Kap. 3.5). Schweden- und Weißklee sind weniger empfindlich. Bei Alexandrinerklee und Perserklee ist noch kein starkes Auftreten festgestellt worden. Der echte und der falsche Mehltau treten bei mehreren Arten auf (Tabelle 12).

Bei Alexandrinerklee werden 3–4 Jahre Anbaupause empfohlen. Perserklee ist mit sich und anderen Kleearten besser verträglich als Rotklee. Dennoch sollte auch hier eine Anbaupause von 3–4 Jahren eingehalten werden. Gelb- und Hornschotenklee benötigen ebenso Anbaupausen von 3–4 Jahren.

Weißklee und Wundklee gelten als selbstverträglich. Auch Schwedenklee ist weitgehend selbstverträglich, wird aber von Nematoden befallen. Serradella wird als teilweise selbstverträglich bezeichnet. Der Stängelbrenner tritt im 2. und 3. Aufwuchs auf. Zu den anfälligen Pflanzenarten zählen Rotklee und Alexandrinerklee. Stock- und Stängelälchen befallen Rotklee, Weißklee und Schwedenklee.

2.4 Anteil Futterleguminosen und deren Eingliederung in die Fruchtfolge

Als Orientierungswert gilt ein Anteil von 25 % Futterleguminosen, d.h. auf acht Jahre Rotation zwei Jahre Futterbau oder 28,5 % (zwei Jahre Futterbau, sieben Jahre Rotation), 33 % (zwei Jahre Futterbau, sechs Jahre Rotation) oder 37,5 % (drei Jahre Futterbau, acht Jahre Rotation). Die untere Grenze liegt bei 17 % (sechsfeldrige Fruchtfolge mit einem Jahr Kleeanbau), die obere bei 43 % (siebenfeldrige Fruchtfolge mit drei Jahren Klee und vier Jahren Anbaupause), wobei der untere Wert eher zu gering ist und nur in Ausnahmefällen, bei geringen Ackerflächenanteilen und höherem Grünlandflächenanteil vorkommen soll. Der höchste Wert ist allenfalls für Wechselwiesen in feuchten Lagen oder einem Wechsel der Kleearten unter Berücksichtigung der Schaderregerempfindlichkeit vertretbar.

Bei hohen Anteilen sind Anbaupausen von 5–7 Jahren, wenn erforderlich auch durch einen Wechsel zwischen Rotklee, Luzerne, Alexandrinerklee und Perserklee und bei viehlosen Betrieben mit Steinklee, einzuhalten. Die spezifischen Leistungen der Futterleguminosen werden bei einjähriger Nutzung nur partiell wirksam (Tabelle 4). Mit legumen Zwischenfruchtgemengen kann der Hauptfrucht-Futterleguminosenanbau nur teilweise ersetzt werden.

Wird Luzerne über mehr als drei Jahre angebaut, sind sogenannte Springschläge oder Nebenfruchtfolgen einzurichten. Diese Schläge werden in der Fruchtfolge gesondert behandelt.

TAB. 4: *Vorteile und Nachteile eines ein- bis dreijährigen Rotklee- oder Luzerneanbaus*

Nutzungsdauer	Vorteile und Potentiale	Nachteile und Risken
Einjährig	Hoher Ertrag; jährlich als Vorfrucht nutzbar; nur vier bis fünf Jahre Anbaupause	Hohe Saatgutkosten; geringe Humus- und N-Anreicherung; geringe Beikrautreduzierung
Zweijährig	Optimale Distel- und Beikrautbekämpfung; geringe Saatgutkosten; hoher Ertrag; hohe Stickstofffixierleistung; hohe Humuswirkung	Fünf bis sechs Jahre Anbaupause
Dreijährig	Geringste Saatgutkosten; maximale Humus- und Stickstoffakkumulation Wartezeiten von sechs bis	Stark abfallender Ertrag im dritten Jahr (Lücken, Schädlinge, Krankheiten); sieben Jahren; Graseinsaaten können Getreidekrankheiten fördern; weites C/N-Verhältnis in Wurzeln, lange Anbaupause oder Wechsel der Kleeart

Quelle: Kahnt (1986) verändert

Je nach Ausrichtung der Fruchtfolge ergeben sich unterschiedlichste Möglichkeiten der Eingliederung der Futterleguminosen (Tabelle 5). Die Beispiele können nur eine grobe Orientierung geben, da die Erfahrungen mit Vorfrucht-Nachfrucht-Beziehungen in der Praxis sehr unterschiedlich sind und je nach Boden, Niederschlag, Vegetationsperiode, Futterbedarf und betriebsspezifischen Prioritäten angepasst werden müssen. Zu beachten ist, dass aus einer einmal gelungenen oder misslungenen Vorfrucht-Nachfruchtstellung nicht ableitbar ist, dass das immer so sein wird! Erst eine langfristige Beobachtung des Bodens, der Pflanzenbestände, der Witterung sowie der getroffenen Maßnahmen kann darüber Auskunft geben.

TAB. 5: *Eingliederung der Futterleguminosen in Umstellungsfruchtfolgen*

Zuckerrüben-fruchtfolge	Getreide-fruchtfolge	Hackfrucht-fruchtfolge	Getreide-Futter-baufruchtfolge	Futterbau-fruchtfolge
Wintergerste	*Winterweizen*	*Hafer*	*Sommergerste*	*Triticale*
Futterleguminosen	Futterleguminosen	Futterleguminosen	Futterleguminosen	Futterleguminosen
Futterleguminosen	Futterleguminosen	Futterleguminosen	Futterleguminosen	Futterleguminosen
Winterweizen-ZF	Winterweizen-ZF	Winterweizen-ZF	Silomais-ZF /	Futterleguminosen
Zuckerrüben	Hafer-ZF	Kartoffeln	Erbsen-ZF	Silomais-ZF
Sommergerste-ZF	Erbsen-ZF	Feldgemüse	Winterweizen-ZF	Hafer
Winterroggen-ZF	Winterweizen-ZF	Winterroggen-ZF	Hafer-Gerste	Triticale-ZF
Dinkel-US FL	Sommergerste-USFL	Sommergerste-USFL	Dinkel-USFL	Wickroggen-USFL

FL = Futterleguminosen; US = Untersaat; ZF = Zwischenfrucht;
kursiv = konventionell; normal = Beginn der Umstellung

In der Umstellung des Betriebes stellt sich immer wieder die Frage nach der zeitlichen Staffelung der Integration der Futterleguminosen. Die Verfahren reichen theoretisch vom Anbau der gesamten Betriebsfläche mit Futterleguminosen im 1. Jahr bis hin zu einer vierjährigen zeitlichen Staffelung, bis alle Flächen erstmalig mit Futterleguminosen bestellt wurden. Idealerweise wird man versuchen, die Investitionen in die Bodenfruchtbarkeit während der Umstellungsphase zu tätigen, da für die Marktfrüchte in dieser Periode nur ein geringes Preisniveau erreichbar ist.

2.5 Erträge der Futterleguminosen

Die Erträge der Futterleguminosenbestände und die Mengen an Wurzel- und Ernterückständen variieren je nach Witterung und Standort von Jahr zu Jahr in Extremfällen um bis zu 100%. Am ertragsstärksten sind die Luzerne und der Rotklee sowie der Weißklee an seinen bevorzugten Standorten (Tabelle 6). Steinklee erreicht auf den Trockenstandorten in guten Jahren annähernd die Erträge von Luzerne.

TAB. 6: *Erträge, Wurzel- und Ernterückstände von Futterleguminosen*

Kulturart und Nutzungsdauer	Ertrag dt TM/ha/Jahr	Wurzel- und Ernterückstände dt TM/ha
Alexandrinerklee (Spätsaat)	80–100 (50)	25–30 (15)
Esparsette	50–120	15–35
Gelbklee	50–90	15–30
Hornklee	50–90	15–30
Inkarnatklee	70–100	20–30
Luzerneblanksaat Frühjahr	50–70	15–25
Luzerne + Deckfrucht Frühjahr	50–70	15–30
Luzerneblanksaat Sommer	10–20	3–8
Luzerne 1. Hauptnutzungsjahr (HNJ)	80–120	35–50
Luzerne 2. HNJ	90–150	35–55
Luzerne 3. HNJ	50–100	25–40
Perserklee (Spätsaat)	80–100 (40)	25–30 (15)
Rotkleegras 1. HNJ (bei Ansaat im Vorjahr)	70–120	25–35
Rotkleegras 2. HNJ	90–140	30–50
Untersaat Rot-, Weißklee, Luzerne	10–25	5–15
Schwedenklee	40–80	15–25
Serradella	25–70	10–25
Steinklee	70–100	25–35
Weißklee	80–110	25–40
Wundklee	50–90	20–35

Quelle: nach mehreren Autoren; geschätzt

3 Anbautechnische Maßnahmen

3.1 Bodenbearbeitung und Saatbettbereitung

3.1.1 Vorbereitung der Einsaat

Die wichtigsten Aufgaben der Bodenbearbeitung sind die Bereitung eines tiefgründig gelockerten Bodens, der das Wurzelwachstum der Futterleguminosen optimal ermöglicht, sowie ein feines und festes Saatbett, um ein optimales Auflaufen des kleinsamigen Saatgutes zu gewährleisten.

Die Pflugtiefe wird auf den Bodentyp mit einer Tiefe von maximal 25 cm abgestimmt. Tiefes Grubbern zur Förderung des Tiefenwachstums der Futterleguminosen darf nur bei trockenem Unterboden erfolgen, sonst wird der Unterboden verdichtet. Stroh- und Stoppelreste müssen sorgfältig eingearbeitet werden, sodass das Saatgut in ein festes Saatbett abgelegt wird. Hohe Strohmengen werden besser gepflügt, reicht das nicht aus, muss als Notmaßnahme die Fräse eingesetzt werden.

Um die Bodenwasservorräte zu schonen, ist bei einer Sommeraussaat in Gebieten mit geringen Niederschlägen durch möglichst wenige Arbeitsgänge ein feinkrümeliges Saatbett zu bereiten. Dies setzt natürlich die Abfuhr von Stroh voraus. Je geringer die Bodenbearbeitungsintensität, umso geringer der Wasserverlust. Bei fehlender Bodenfeuchte und vorhersehbarer andauernder Trockenheit muss die Ansaat sofort beregnet werden. Eine Rückverfestigung des Bodens durch Krumenpacker oder andere Geräte quer zur Saat ist von Vorteil. Diese Maßnahme sichert die Wasserzufuhr für den Keimvorgang und damit einen gleichmäßigen und sicheren Aufgang der Saat. Die Entscheidung, ob man die Beikrautsamen auflaufen lässt, also die Einsaat um ca. 2 Wochen verzögert, oder gleich einsät, dann aber mit einer mehr oder weniger starken Verbeikrautung rechnen muss, kann nicht pauschal getroffen werden. Ein Tag im August entspricht in Bezug auf das Wachstum der Bestände mehreren Tagen im September bzw. Wochen im Oktober, ein starker Beikrautdruck kann aber die Kleepflanzen erheblich konkurrenzieren und erfordert möglicherweise einen frühzeitigen Schröpfschnitt.

3.1.2 Umbruch der Bestände

Die Kleebestände werden entweder frühzeitig im Juli oder spät im Zeitraum von September-März umgebrochen. Nach frühem Umbruch folgt entweder eine Zwischenfrucht und danach ein Wintergetreide – oder eine Winterzwischenfrucht mit nachfolgender Sommerung. Der späte Umbruch des Kleebestandes erfolgt entweder im September mit nachfolgendem Wintergetreide oder im Winter bzw. Frühjahr mit nachfolgender Sommerung. Frühzeitiger Umbruch der Luzerne kann insbesondere bei Trockenheit den Wasserverbrauch erheblich verringern, was sich positiv auf die Folgekulturen auswirkt. Vor der Zwischenfrucht wird der Grubber eingesetzt, danach vor dem Getreide in der Regel der Pflug mit einem vorausgehenden Mulchen oder Abschlegeln der Zwischenfrüchte. Der Einsatz der Scheibenegge ist nicht problemlos, da diese mögliche Reste an Rhizomen von Ampfer, Distel oder Quecke vermehrt und ein Kleegrasbestand somit nicht zur Verminderung, sondern zur Vermehrung von Wurzelbeikräutern beitragen würde.

Der frühe Umbruch eines Kleebestandes ist dann problematisch, wenn die folgende Zwischen- oder Nachfrucht nur geringe Mengen an leicht verfügbarem Stickstoff aufnimmt. Intensive Bodenbearbeitung fördert das Auswaschungsrisiko. Folgende Bodenbearbeitungsmaßnahmen mindern das Nitrataustragsrisiko (Heß et al. 1992):

- Verkürzung des Zeitraums zwischen Beginn der Stoppelbearbeitung und Pflugfurche (und damit der vorwinterlichen Mineralisationsphase)
- Reduzierung der Bearbeitungstiefe und -intensität zum Umbruch
- Reduzierung der Anzahl an Arbeitsgängen beim Umbruch

Die N-Aufnahme vor Winter nimmt in folgender Reihe zu (in kg N/ha): Wintergetreide (-15), Wintergerste (-30), Winterraps (-40), nicht legume Zwischenfrucht als Gründüngung (-50), nicht legume Zwischenfrucht zur Futternutzung (-70). Auswaschungsgefährdet sind Standorte mit milden Wintern, erhöhten Niederschlägen und leichten, stark zur Mineralisierung neigenden Böden. Dann ist für eine bestmögliche Stickstoffnutzung zwischen folgenden Alternativen zu wählen:

- ein früher Kleegrasumbruch im Sommer mit nachfolgender Zwischenfrucht (mit einer hohen vorwinterlichen Stickstoffaufnahme)
  - mit Umbruch im Herbst und nachfolgend einer Winterung oder
  - mit Umbruch im Winter und nachfolgend einer Sommerung
- ein später Kleegrasumbruch im Winter (geringerer Sickerwasseranfall) mit nachfolgender Sommerung

Bei Mulchverfahren ist das N-Angebot auf der Fläche erheblich höher als bei Schnittnutzungen. Positiv zu vermerken ist, dass mit zunehmender Dauer der biologischen Bewirtschaftung auch die Nährstoffspeicherfähigkeit des Bodens zunimmt und damit das Auswaschungsrisiko abnimmt. Durch Mähen oder Abweiden des letzten Futterleguminosenschnitts vor dem Umbruch wird eine Reduktion der leicht zersetzbaren, stickstoffhaltigen Ernterückstände erreicht. Eine Abfuhr und Verarbeitung eines Teils der Biomasse zu Biogas oder zu Kompost wirkt dem Auswaschungsrisiko entgegen, wobei die Sinnhaftigkeit dieser Verfahren noch abzuklären ist.

Erfolgt keine intensive Zerkleinerung und Durchmischung der Ernte- und Wurzelrückstände, muss mit Durchwuchs der Futterleguminosen und Gräser im nachfolgenden Getreide gerechnet werden. Bei geeigneter Mähdruschtechnik stört das Durchwachsen der Futterleguminosen jedoch kaum. Ein erhöhter Trocknungsaufwand des Getreides kann allerdings nicht ausgeschlossen werden. Ein flacher letzter Schnitt im letzten Nutzungsjahr kann die Reservestoffeinlagerung stören und damit das Wiederanwachsen der Leguminosen erschweren und den Wiederaustrieb schwächen.

3.2 Saatverfahren

Futterleguminosen können als

- Blanksaat im Frühjahr mit oder ohne Beimengung einer Getreidedeckfrucht, Körnerleguminosen und anderen Arten,
- Untersaat im Frühjahr in eine Körner- oder Grünfutterdeckfrucht, oder
- Blanksaat im Sommer nach der Räumung der Hauptfrucht (meist Getreide)

angesät werden. Bei der Blanksaat oder Saaten mit Grünfutterdeckfrucht im Frühjahr wird das Ansaatjahr als erstes Hauptnutzungsjahr gerechnet, dagegen bei Untersaat oder Blanksaat im Sommer erst das Folgejahr. Die Reihenabstände variieren zwischen 10–15 cm, die Saattiefe zwischen 1–3 cm. Bei einzelnen Arten bestehen Ausnahmen bzw. Besonderheiten (siehe die folgenden Ausführungen).

Je nach Gründigkeit und Nährstoffversorgung des Bodens kann eine unterschiedliche Anzahl von Samen pro ha mit Nährstoffen und Wasser versorgt werden. Empfohlen werden 15–25 kg/ha Rotklee bzw. Luzerne als Reinsaat. Für Breitsaaten sind die Aussaatmengen um weitere 10–15 kg/ha zu erhöhen. Weißklee als Reinsaat wird mit 5–15 kg/ha angegeben. Die optimale Pflanzendichte liegt zwischen 200 und 400 Pflanzen/m^2 (ca. 300 im 1. Hauptnutzungsjahr, ca. 100 im 2. Hauptnutzungsjahr). Die diesbezüglichen Angaben in der Literatur variieren zum Teil erheblich, was auf standort-, verfahrens- und sortenspezifische Besonderheiten zurückgeführt werden kann. Vor Winter sind die Bestände durch Abweiden oder Mähen entsprechend den artenspezifischen Vorgaben zu pflegen. Besteht die Gefahr der Ausbreitung von Kleekrebs, ist scharfes Abweiden oder ein Schnitt vor Winter die wichtigste vorbeugende Maßnahme (Klapp 1958). Im Frühjahr wird auf lockeren, gefrorenen Böden gewalzt.

Blanksaat und Aussaat mit Deckfrucht im Frühjahr

Der Rotklee wird so früh als möglich gesät (März), damit er bis zum Herbst noch ausreichende Erträge erzielt. Luzerne ist in der Keimphase stärker frostgefährdet und sollte von daher erst bei Bodentemperaturen zwischen 3 und 5 °C angebaut werden, etwa drei Wochen nach dem Rotklee im April. Weißklee kann im zeitigen Frühjahr ausgesät werden, meist mit einer Getreidedeckfrucht. Die Samen keimen bei 2–3 °C. Leichte Böden werden nach der Aussaat mit der Ringel- (oder Rau-)walze verfestigt, um den kapillaren Wasseranstieg zu gewährleisten. Die Direktsaat ist nur in sehr trockenen Perioden zu empfehlen. Durch dieses Verfahren wird die weitere Austrocknung des Bodens minimiert. Bei eher feuchten Böden werden auch mit einer frühen Breitsaat kräftige Luzernebestände etabliert. Weite Drillreihenabstände (20–30 cm) mit der Möglichkeit zu hacken führen zu einer stärkeren Stängelverholzung und können in der Regel nicht empfohlen werden, mit Ausnahme unsicherer Luzernestandorte. Misslingt eine Frühjahrsansaat, ist in der Regel noch genügend Zeit für eine nochmalige Saat. Nachsaaten in die Bestände gelingen kaum.
Außer als Blanksaat können die Futterleguminosen im Frühjahr mit einer Deckfrucht Hafer eingesät werden. Weitere Mischungspartner sind Wicken, Erbsen oder Mais, jeweils mit geringer Saatstärke. Bei Luzerne wird Roggen bzw. Gerste gewählt, da diese Getreidearten auf den trockenen Standorten weniger Wasser benötigen. Die Entmischung des Saatguts spricht gegen ein gemeinsames Aussäen mit der Deckfrucht. Eine geringe Füllung der Sämaschine und wiederholtes Durchmischen kann Abhilfe schaffen.

Untersaaten

Grundsätzlich kommen alle Getreidearten, aber – bei ausreichender Wasserversorgung – auch Mais und Sonnenblumen als Deckfrucht in Frage. Bei Einsaat als Untersaat in einen Getreidebestand sind vor allem auf den feuchteren Standorten mit dichteren Getreidebeständen (Winterweizen, -gerste, Triticale, Dinkel) die Aussaatmengen zu reduzieren (ca. -20%), um die Beschattung zu verringern, auf die insbesondere die Luzerne empfindlich reagiert. Wintergetreide beschattet länger und zu Beginn stärker als Sommergetreide. Ost-West-Ausrichtung der Saat beschattet stärker als Nord-Süd. Die Blattstellung verschiedener Getreidesorten wirkt sich ebenso auf die Entwicklung der Untersaaten aus, wird jedoch als Auswahlkriterium nicht im Vordergrund stehen. Im Wintergetreide wird im Frühjahr grundsätzlich früher als im Sommergetreide eingesät, da die Bestände bereits weiter entwickelt sind. Auf trockenen Standorten kann unter Winterroggen bereits im Januar gesät werden – dem entspricht, dass umso später gesät wird, je feuchter der Standort ist. Wintergerste ist einerseits lichter als die anderen Getreidearten und eignet sich deshalb als Deckfrucht, andererseits wird Wintergerste im Biolandbau selten angebaut. Triticale ist ähnlich dem dichteren Weizenbestand einzustufen, Dinkelbestände und Winterroggen sind lichtdurchlässiger.

In Sommergetreide wird die Leguminose entweder mit dem Getreide oder nach dem Auflaufen des Getreides eingesät, entweder zwischen den bestehenden Drillreihen oder quer bzw. diagonal zum Getreide. Klee in der Deckfruchtreihe erhält weniger Licht als zwischen den Reihen. Weißklee wird eher früh, Rotklee eher später eingesät (3-5-Blattstadium des Sommergetreides). Je feuchter der Standort und je kleewüchsiger, umso länger wird gewartet, da sonst die Gefahr besteht, dass der Klee das Getreide überwächst. Sommergerste und der kaum mehr angebaute Sommerroggen eignen sich sehr gut, Hafer wächst zwar länger, ist aber in manchen Gebieten traditionell die Rotkleedeckfrucht. Sommerweizen wird allein schon wegen der Stellung in der Fruchtfolge eher selten als Deckfrucht gewählt.

Wird die Untersaat früh ausgesät, besteht die Möglichkeit, bei einem allfälligen Verlust nochmals nachzusäen. Spätere Aussaat ermöglicht bei den Sommer-

getreidearten Blindstriegeln vor Auflauf und Striegeln ab dem 3-4-Blattstadium. Wintergetreide können bereits frühzeitiger gestriegelt werden. Alle Feinsämereien sind nur bei fehlendem Tau bzw. Niederschlag seicht einzustriegeln.
Die Leguminosen und Gräser werden auf eine Tiefe von ca. 1–2 cm abgelegt, Breitsaat wird eingestriegelt oder leicht geeggt, was aber nur bei rechtzeitiger Saat möglich ist. Werden die Samen tiefer als 25 mm im Saatbett abgelegt, entwickeln sich die Leguminosen und Gräser mangelhaft, der Saatgutbedarf müsste unter solchen Bedingungen um ca. 30 % höher angesetzt werden. Konkurrenzschwache Gräser wie z. B. Wiesenlieschgras können bereits vor Winter eingesät werden, was aber gleichzeitig den Verzicht auf den Striegel im Frühjahr nach sich zieht.
Das Stroh der Getreidedeckfrucht ist bei Verbleiben auf dem Feld auf < 8 cm zu häckseln und gleichmäßig über die Schnittbreite zu verteilen. Hohe Strohmengen oder langes Stroh sind abzufahren. Befahren bei feuchtem Boden oder hohe Trockenheit in der Reifeperiode des Getreides und nach der Ernte kann die Untersaaten bis zum Totalausfall schädigen. Insbesondere Luzerne reagiert auf Befahren sehr empfindlich.
Der Ertrag einer Untersaat liegt bei ca. 5–15 dt TM/ha Sprossmasse und ca. 3–5 dt TM/ha Wurzelmasse im ersten Jahr. Eine Nutzung ist weder in allen Fällen möglich noch erforderlich. Im Vergleich dazu erzielt eine im Frühjahr etablierte Blanksaat etwa die 5-fache Pflanzenmasse im Ansaatjahr. Wird die Untersaat über den Winter geführt, so profitiert der Boden von der zweijährigen Ruhe ohne humuszehrende Bearbeitung, analog einer Frühjahrsblanksaat.

Blanksaat im Sommer

Das Gelingen von Blanksaaten im Sommer ist eng an das Vorhandensein von Restfeuchte im Keimbett gebunden. Die Bodenvorbereitung und die Saat sollten idealerweise innerhalb von 24 Stunden abgeschlossen sein. Die Feuchte muss für die Saatgutquellung und das Keimen ausreichen. Quellen die Samen, so entstehen Mikrorisse, durch die später das Wasser eindringen kann. Liegen die Samen mehrere Stunden bei trockener Hitze im Boden, werden sie irreversibel hartschalig. Eine spätere Befeuchtung bewirkt wenig. Besonders das Luzerne-

TAB. 7: *Nutzung, Saatverfahren und Saattermine von Futterleguminosen*

Leguminose	MON	HF	SF	US	BS	DS	Bemerkungen
Rotklee Weißklee Luzerne Steinklee Esparsette	3–4	X				X	Frühjahrsblanksaat; im Gemenge mit Gräsern oder allen Getreidearten
	4–5	X			X	X	Einsaat in Grünhafer oder -gerste (auch mit Wicken, Erbsen, Ackerbohnen, Mais) oder im Gemenge (40–60 kg/ha Hafer, 70–90 kg/ha Gerste)
	4–5	X			X	X	Vorsommerblanksaat nach Winterzwischenfrüchten
	7–8	X			X	X	Sommerblanksaat nach frühzeitig räumenden HF; Sommeraussaat von Rotklee ist etwas später als von Luzerne möglich; Ausbildung von möglichst vier Trieben vor Winter; spätere Saaten sind im Folgejahr ertragsschwächer; Herbstnutzungen bei > 10 cm
Alexandriner-klee	3–4			X		X	Einsaat in späten Silomais
	4–5	X			X	X	Nutzung bis in den Oktober, Nutzung mehrschnittiger Sorten, im Gemenge mit anderen Leguminosen
	7–8		X		X	X	Nutzung bis zum 1. Frost (Verwendung von Sorten mit einem hohen Erstertrag)
Perserklee	3–4			X		X	Späteinsaat in Mais, Grünhafer oder Sonnen-blume; nicht zu früh säen, da Frostgefahr
	4–5	X			X	X	hohe Grünerträge, bis zu 4 Schnitte/Jahr möglich, im Gemenge mit Gräsern
	7–8		X		X	X	bis zu 2 Herbstschnitte möglich, v. a. in Rüben-anbaugebieten

Quelle: nach mehreren Autoren

HF = Hauptfrucht, SF = Stoppelfrucht und US = Untersaat (im Sinne einer Zwischenfrucht), MON = Monat Ansaattermin, BS = Breitsaat, DS = Drillsaat

und Steinkleesaatgut ist davon betroffen. Sommersaaten können bis auf 3 cm abgelegt werden. Die Sommeraussaat soll spätestes Mitte August abgeschlossen sein, um vor dem Winter einen kräftigen Bestand zu etablieren. Bei Trockenheit muss beregnet werden. Bevorzugt werden deshalb früh räumende Getreide wie Wintergerste oder Roggen. Vorteilhaft erweisen sich Direktsämaschinen oder Mulchsaatgeräte. Aufkommendes Beikraut wird frühzeitig mit einem Schröpfschnitt entfernt. Problematisch kann sich Ausfallgetreide erweisen. Bei misslungenen Sommersaaten ist rasch zu reagieren, nochmals nachzusäen und Schwedenklee, Weißklee sowie Welsches Weidelgras zu ergänzen. Gut kompostierter Stallmist kann dann förderlich sein.

3.3 Gemengeanbau

Futterleguminosen werden häufig im Gemenge mit Gräsern und Kräutern angebaut. Die Vorteile des Gemengeanbaus gegenüber Reinsaaten sind:

- verbesserte Ertragssicherheit und teilweise höhere Erträge (bis zu 10 %)
- dort, wo der Klee ausfällt oder schwachwüchsig ist, schließen Gräser die Lücken
- gleichmäßige Standraum- und Nährstoffausnutzung
- geringere Bröckelverluste bei Silage- und Heunutzung, höherer Silagequalität
- verbesserte Futterqualität (höhere Energiegehalte, geringerer Eiweißüberhang, weniger Eiweißverschwendung in der Fütterung, geringeres Risiko von Blähungen in der Fütterung der Tiere), Zunahme der Schmackhaftigkeit
- Lagerrisiko der Bestände nimmt ab
- höhere Zunahme des Humusgehalts und verbesserte Bodenstruktur bei geeigneter Mischung
- erhöhter Schutz vor Nitratauswaschung
- verbesserte Bodenbefahrbarkeit

TAB. 8: *Eigenschaften der Gräser für den Gemengeanbau*

Grasart	Beschreibung
Einjähriges (Westerwoldisches) Weidelgras *(Lolium multiflorum westerwoldicum)*	Schnellwüchsiges aber kurzlebiges Feldfuttergras feuchter Lagen, geringe Winterhärte, Nutzung nur im Ansaatjahr; Gemengepartner Alexandriner-, Perser- oder Inkarnatklee
Welsches Weidelgras/ Italienisches Raigras *(Lolium multiflorum)*	Schnellwüchsiges überjähriges Futtergras, anspruchsvoll und empfindlich gegen raues Klima; Verwendung in überjährigen Gemengen mit Rotklee und anderen Kleearten, als Bestandteil von Winterzwischenfruchtgemengen („Landsberger Gemenge"); unterdrückt durch schnelle Jugendentwicklung alle Mischungspartner
Deutsches Weidelgras/ Englisches Raigras *(Lolium perenne* L.)	Wichtigstes Weidegras schwerer Böden; unterdrückt durch schnelle Jugendentwicklung anfänglich hochwüchsige Kleearten stark; Weißklee eignet sich als Partner; bei reiner Mähnutzung wird Gras im Gemenge verdrängt
Bastardweidelgras/ Oldenburg. Weidelgras *(Lolium x hybridum)*	Kreuzung von Welschem und Deutschem Weidelgras; langlebiger und winterhärter als Welsches Weidelgras; Verwendung wie Welsches Weidelgras; Gemengepartner für mehrjährige Mischungen Weißklee, Rotklee, Luzerne sowie andere Gräser
Wiesenlieschgras/ Timothe *(Phleum pratense* L.)	Unempfindlichkeit gegen raue Lagen und schwere, kalte und feuchte Böden; eignet sich mit Rotklee zum überjährigen, mit Schwedenklee und anderen Arten zum mehrjährigen Kleegrasbau

Wehrlose Trespe *(Bromus inermis)*	In zwei- und mehrjährigen Kleegrasgemischen auf trockenen Böden; wird im Aussaatjahr durch langsame Anfangsentwicklung von Gemengepartnern überwachsen
Wiesenrispengras *(Poa pratensis* L.*)*	Wertvolles, vom Vieh gerne aufgenommenes Futtergras, wichtiges rasenbildendes Gras, langsame Anfangsentwicklung und deshalb erst nach Jahren in merklichen Anteilen im Bestand zu finden
Knaulgras *(Dactylis glomerata* L.*)*	Sehr ertragreiches und hochwertiges Mähgras, ermöglicht in trockenen Lagen Kleegras anbau (robuster in trockenen Lagen ist allerdings der Rohrschwingel, *Festuca arundinacea*); besonders auch für wechselfeuchte und auch frische Lagen gut geeignet, bevorzugt in zwei- bis dreijährigen Gemengen z.B. mit Luzerne
Glatthafer *(Arrhenaterum elatius* L.*)*	Ertragsreiches Mähgras, warme und trockene Lagen, rasche Entwicklung im Gemenge; überjährige und langlebige Gemenge z.B. mit Luzerne, Esparsette und Hornklee; häufiges Schneiden, Beweidung und Bodenverdichtung wirken rasch verdrängend
Wiesenschwingel *(Festuca pratensis)*	Ertragreiches, hochwertiges Futtergras frischer bis feuchter Lagen, Partner ein- bis mehrjähriger Kleegrasgemenge, rasche Entwicklung nach der Ansaat, in Mischungen nach den Anfangsjahren durch Konkurrenz schnellwüchsiger Arten und intensiver Nutzung nachhaltig gefährdet
Rotschwingel *(Festuca rubra* L.*)*	Anpassungsfähiges, anspruchsloses Gras, auf sauren Böden; in Mischsaaten oft kaum auffindbar und erst nach Jahren stärker hervortretend; unterliegt bei intensiver Nutzung schnell anderen Arten, bei extensiver Nutzung auf nährstoffärmeren Standorten sehr hohe Anteile

Quelle: nach mehreren Autoren

- dreijährige Nutzung im Gemenge eher möglich als bei reinen Kleesaaten
- höhere Konkurrenzfähigkeit der Bestände gegenüber Beikräutern (verhindert das Einwandern von störenden Gräsern wie der Quecke)
- verringerte Krankheitsanfälligkeit

Als Orientierungswert für die Zusammenstellung der Gemenge wird der Leguminosenanteil bis zu ca. 30 % reduziert und mit ca. 3–10 kg/ha Gräser ergänzt. In ungünstigen Lagen wird der Leguminosenanteil höher angesetzt. Darüber hinaus können verschiedene Kräuter mit einer Saatmenge von insgesamt ca. 1–5 kg/ha ergänzt werden. Dazu zählen Wiesenkümmel, Spitzwegerich, Kleiner Wiesenknopf, Wilde Möhre, Sauerampfer, Wegwarte, Schafgarbe, Gemeine Pastinake, Wilde Petersilie, Kleine Bibernelle und andere (Rauber und Hof 2003). Samenausfall der Kräuter kann zu Verbeikrautungen in den Folgekulturen führen. Die Zusammensetzung der Kräutermischungen sowie die Saatmengen sind wiederum an die standortspezifischen Bedingungen anzupassen.

Bei der Zusammenstellung von verschiedenen Leguminosen und Gräsern sind auch deren Eigenschaften bzw. Konkurrenzkraft zu beachten (Tabelle 8 und 9). Je nach Standortbedingungen, Sorte sowie Anteil in der Mischung können sich Schwedenklee und Weißklee stärker durchsetzen als in Tabelle 9 angegeben.

Bei einigen der angeführten Leguminosen- und Grasarten gibt es Sorteneigenschaften, die zum Teil von der allgemeinen Eigenschaftsbeschreibung abwei-

TAB. 9: *Konkurrenzkraft von Kleearten, Luzerne und Gräsern*

Konkurrenzkraft		
Hoch	**Mittel**	**Gering**
Rotklee	Schwedenklee	Weißklee
Luzerne	Einjähriger Weißklee	Gelbklee
Knaulgras	Glatthafer	Hornklee
Weidelgräser	Wiesenschwingel	Wiesenlieschgras

Quelle: Lütke Entrup und Oehmichen (2000)

chen (z.B. weidefähige Luzernesorten, nutzungstolerantere Glatthafersorten). Auf mittleren Böden und unter günstigen Verhältnissen sind Rotklee und Welsches Weidelgras die Hauptmischungspartner, in kühlfeuchten Lagen Schwedenklee, Wiesenlieschgras und Wiesenschwingel, auf trockenen leichten Böden Luzerne, Gelbklee, Hornklee, Glatthafer und Knaulgras. Bei zunehmender Weidehaltung dominieren der Weißklee und das Deutsche Weidelgras. Aufgrund der langsamen Entwicklung, machen Rotschwingel, Wiesenrispe und Straußgras nur in mehrjährigen Nutzungen einen Sinn. Auf trockenen Sandböden ist auf Serradella mit Schafschwingel auszuweichen.

Luzerne und insbesondere **Rotklee** werden vor allem in niederschlagsreicheren Gebieten im Gemenge mit Gräsern gemischt. Typische Gemengepartner sind Weidelgras, Knaulgras, Glatthafer, Wiesenschwingel und Wiesenlieschgras. Aus Gründen der Futterqualität und Futteraufnahme, ist bei Luzerne der Mischanbau mit Rotklee und Gräsern zu empfehlen. Erhöhte Gräseranteile können in den Folgefrüchten durchwachsen, wenn Grassoden durch die Bodenbearbeitung nicht nachhaltig zerkleinert werden.

Der **Alexandrinerklee** wird sehr gerne gefressen, besonders in Gemengen mit frohwüchsigen Gräsern. In Gebieten mit hohem Niederschlag kann er in Gemengen mit Welschem Weidelgras und/oder Einjährigem Weidelgras angebaut werden. Dieser Gemengebau erhöht die Futterqualität, da die Ration dadurch ausgeglichener und weniger eiweißlastiger wird. Außerdem lagert der Alexandrinerklee in Reinsaaten und deckt nicht so rasch und gründlich wie im Gemengebau.

Die **Esparsette** wird mit konkurrenzschwachen Gräsern, wie dem Wiesenlieschgras oder dem Wiesenschwingel, gemischt. Auch Glatt- und Goldhafer eignen sich in feuchten Lagen als Gemengepartner. Aufgrund der oft mangelhaften Saatgutqualität ist der Bestand der Esparsette oft nur lückig und sollte daher immer nur in Mischungen mit anderen Leguminosen angebaut werden.

Der **Perserklee** ist für alle Futterrationen geeignet, da er von Wiederkäuern und Schweinen gleichermaßen gerne gefressen wird. Mischungen mit 25 %

Perserklee, 55 % Alexandrinerklee und 20 % Gräsern sind leistungsfähiger als reine Perserkleeansaaten.

Schwedenklee wird in feuchten Lagen mit Hornklee sowie Wiesenlieschgras, Knaulgras und Wiesenschwingel ausgesät. Er gilt wegen seiner Bestockungsfähigkeit als schnellwüchsig, weshalb die stark wüchsigen Gräser als Mischungspartner anteilmäßig zu bevorzugen sind, während der Rotklee den Schwedenklee leicht unterdrückt. Aufgrund des Bitterstoffanteiles sind 40 % Schwedenklee die Obergrenze. In Gemengen mit Rotklee liegt der Anteil bei ca. 20 %. Trotz seines bitteren Geschmacks wird er dennoch bevorzugt im Gemenge mit Weiß- und Rotklee angebaut (Breunig et al. 1988). Rotklee wird auch zu Weißklee und Deutschem Weidelgras bei Weidemischungen eingesetzt.

Der **Steinklee** kann mit anderen Kleearten oder Gräsern, wie dem Rotschwingel oder dem Welschem Weidelgras, angebaut werden. In trockenen Lagen können die Grasbeisaaten die Wasserversorgung des Steinklees aber gefährden. Der Schwarze Kümmel *(Carum sarvi)* soll bei einer Saatmenge von 1–2 kg/ha die Wuchskraft und Schmackhaftigkeit des Steinklees erhöhen (Simon 1960a). Er wird allerdings stark durch den Steinklee konkurrenziert.

TAB. 10: *Legende zum Leguminosengras-Gemenge*

<table>
<tr><th>Gemenge nach Götz und Konrad (1978)</th><th>Gemenge nach Preuschen (1983)</th></tr>
<tr><td>EIN- BIS EINEINHALBJÄHRIGE NUTZUNGEN:
A = normale rotkleesichere Böden
B = nicht rotkleesichere, leichte und trockene Böden
C = schwere, feuchtere Böden

MEHRJÄHRIGE NUTZUNGEN:
D = normale rotkleesichere Böden
E = nicht rotkleesichere, leichte und trockene Böden
F = schwere, feuchtere Böden</td><td>G = nach Getreide, Umbruch Herbst oder Frühjahr
H = nach Getreide, weitgehend abfrierend
I = analog H, sandige Standorte
K = analog I, weitere Futterschnitte, mehrjährig
L = Untersaaten ohne Futternutzung (>700 mm)
M = Untersaat, trockene Lagen, Futternutzung (bis 650 mm)
N = Trockene Lagen, mehrjähriges Ackerfutter</td></tr>
<tr><td colspan="2">Gemenge nach Simon (1960a): O = humose, anmoorige Standorte mit Anpassungsfähigkeit gegenüber Sommertrockenheit, Kälte und höheren Niederschlägen, mehrjährige Nutzung</td></tr>
</table>

weitere Hinweise zu den Gemengen siehe Kapitel 4.2

TAB. 11: *Leguminosengras-Gemenge (Angaben in kg/ha)*

Gemengepartner	A	A	B	B	C	C	D	D	E	E	F	G	H	I	K	L	M	N	O
Alexandrinerklee												4	4						
Erdklee													4			7	7		
Gelbklee				6															
Hornklee														5			5	5	4
Inkarnatklee												10	3	10	10				
Luzerne			*	*					*	*							*	5	
Rotklee	15	12	8	6	8	8	4	8	4		4				5				
Schwedenklee		2				6			3	2						3			4
Weißklee							4		2	6					8				4
Wundklee																	7		
Sommerwicke													10						
Zottelwicke												18		15	10				
Platterbse												20	20	10	10				
Gelbe Lupinen														20					
Buchweizen				6								15	15	10					
Phacelia				6								1	1	1	1				
Roggen, Hafer														15	5				
Sonnenblumen												1	1	3					
Einjähriges Weidelgras				6															
Deutsches Weidelgras							10	8			10				5				6
Welsches Weidelgras	5				8									4	5			10	
Glatthafer									8										
Knaulgras			12												4				4
Wehrlose Trespe															5		4	5	4
Wiesenlieschgras		6				4	4			4	10								4
Wiesenschwingel		4		6	8	6		8	8	10	10					4			8
Kräutermischungen												**1**		**1**	**1**		**1**	**1–5**	

Quelle: nach mehreren Autoren

* Luzerne kann teilweise oder vollständig die anderen Kleearten ersetzen

3.4 Beikrautentwicklung und Beikrautregulierung

Ein dichter Futterleguminosenbestand ist die effizienteste Maßnahme, um den Beikrautaufwuchs und insbesondere Problembeikräuter zu reduzieren. Die Wirkung resultiert aus der Unterdrückung des Wachstums der Beikräuter durch Konkurrenz um Standraum, Wasser und Licht sowie der Verminderung der Reservestoffeinlagerung durch den mehrmaligen Schnitt. Zweijähriger Anbau wirkt effizienter als einjähriger, insbesondere gegenüber Wurzelbeikräutern.

Die Futterleguminosen sind beim Auflaufen und am Ende der Anbauzeit am empfindlichsten gegenüber Beikrautdruck. Die Futterleguminosen werden v. a. von niedrigen, polsterartigen Pflanzen (z. B.: Vogelmiere, Gamander-Ehrenpreis, Einjähriges Rispengras) und von Rosettenpflanzen (z.B. Hirtentäschel) verbeikrautet (Keller et al. 1999). Bei feuchter, kühler Witterung sind die Beikräuter im Vorteil, da das Keimwachstum der Futterleguminosen stärker eingeschränkt ist.

Folgende Maßnahmen eignen sich zur Beikrautregulierung:

- Bodenvorbereitung: feinkrümeliges, abgesetztes Saatbeet, damit sich die Keimpflanzen ungestört und schnell entwickeln können. Diese Vorbereitung ist die beste Beikrautkontrolle. Die ersten keimenden Beikräuter werden mit der Vorbereitung des Saatbettes ausgerissen
- Eggen oder Striegeln vor der Saat
- Verwendung von beikrautsamenfreiem (ampfersamenfreiem) Saatgut
- Luzerne: Ansaat nicht zu früh im Jahr, da die wärmebedürftige Luzerne ansonsten schwach wächst und vom Beikraut überwachsen wird
- Etablierung eines dichten, gesunden Bestandes durch entsprechende Saatstärken
- Striegeln nach dem 4-6-Blattstadium
- Reinigungsschnitt (Schröpfschnitt) Mitte Juni bis Mitte Juli oder bei Sommersaaten im September in der Höhe von 5–10 cm zur Beseitigung

allfälliger Beikräuter (in Blanksaaten), bevor diese in die Samenbildung gelangen. Beschädigung der Leguminosen möglichst vermeiden (hoher Schnitt), insbesondere Luzerne reagiert auf niedrigen Schnitt sehr empfindlich

- Umbruch bei einer massiven Verbeikrautung
- Sicherung der Wurzelreserven der Futterleguminosen, die einen schnellen Wiederaustrieb des Sprosses unterstützen, indem vor Winter hoch geschnitten und im Frühjahr nicht zu früh genutzt wird.

Futterleguminosenbestände können aber auch zur Beikrautvermehrung beitragen. Dies ist der Fall bei Blanksaaten ohne Schröpfschnitt oder wenn der 1. Schnitt zu spät erfolgt. Auch Bestandslücken (insbesondere im dritten Jahr) und Bodenverdichtungen können eine Ausbreitung der Beikräuter bewirken. Durch Eggen und Striegeln nach dem Winter kann das Beikraut vermindert werden. Lange Pausen zwischen den Schnitten können Vergrasung (z. B. Quecke) unterdrücken. Sinkt die Pflanzenzahl bei Luzerne unter $80/m^2$, ist Welsches oder Einjähriges Weidelgras, nicht jedoch Luzerne, nachzusäen und wenn verfügbar, mit Jauche zu düngen.

Die **Kleeseide** *(Cuscuta trifolii)* und der **Kleeteufel** *(Orobanche minor)* sind die bedeutendsten Schmarotzerpflanzen. Die Kleeseide (auch Teufelszwirn genannt) ist eine parasitische Blütenpflanze. Die Keimung der Kleeseide wird durch sehr feuchte, nitrathaltige Bodenbedingungen und Kälte gefördert. Da die Kleeseide weder ihren Wasser- noch ihren Nährstoffbedarf aus eigener Kraft decken kann, lebt sie als Vollparasit allein von ihrem Wirt. Bereits die jungen Keimlinge stellen den Kontakt zur Wirtspflanze und deren Leitgefäßen her. Die Kleeseidenstängel winden sich um die Wirtspflanze (Rot-, Weiß- und Schwedenklee, Luzerne, Gräser und Beikräuter), die durch den starken Nährstoffentzug abstirbt. Von Juli bis September werden rötlich-weiße Blüten ausgebildet, deren Samen entweder einige Jahre im Boden überdauern oder mit dem Saatgut verschleppt werden. Bei trockenen Bedingungen und fehlenden Wirtspflanzen gehen die Keimlinge meist zugrunde. Die wichtigste vorbeugende Maßnahme gegen einen Befall mit Kleeseide ist die Verwendung von beikrautsamenfreiem Saatgut. Da die Kleeseide für die Keimung oberflächlich auf dem Boden aufliegen muss, sind auch Maßnahmen wie z.B. Abdecken mit Folien oder Abflammen sinnvoll.

Der Kleeteufel parasitiert mit seinen Haustorien (Saugwurzeln) auf den Wurzeln der Leguminosen. Die chlorophyllfreien Sprosse sind bräunlich geschuppt und enden in einem verdickten Blütenstand. Im Sommer blüht und fruchtet er, die Samen werden durch den Wind oder an den Samen des Rotklees haftend verschleppt. Bekämpfung und vorbeugende Maßnahmen sind rechtzeitiges Ausreißen der Pflanze vor der Samenreife, kurzes Abmähen oder Beweiden, bei sehr starkem Befall Umbruch des Bestands, eine Anbaupause von ca. 6 Jahren und Saatgutreinigung (Übertragung über Saatgut!).

3.5 Schaderreger und deren Regulierung

Im Rotkleeanbau gelten der Kleekrebs und das Stängelälchen (ebenfalls bei Serradella), auch als „Kleemüdigkeit" bezeichnet, als die wichtigsten Krankheiten. Die anderen Schaderreger sind als nachgeordnet zu betrachten, treten jedoch bei Nichteinhaltung der Anbauabstände ebenso verstärkt auf (Tabelle 12). Neben Rotklee gilt der Inkarnatklee als besonders anfällig gegenüber Krankheiten. Weißklee und Schwedenklee sind weniger empfindlich gegenüber Schaderregern, weshalb sie als überwiegend selbstverträglich gelten (siehe Kapitel 2.3).

Samen- und bodenbürtige Schaderreger sind im Luzerneanbau von großer Bedeutung (Tabelle 12). Besonders schädigend ist bei manchen Sorten der Pilz *Verticillium albo-atrum,* welcher die Luzernewelke hervorruft. Dies erklärt, weshalb das Einhalten von langen Anbaupausen eine unverzichtbare Maßnahme für gesunde Pflanzenbestände darstellt.

TAB. 12: *Schadbild, Übertragungswege und vorbeugende Maßnahmen der wichtigsten Schaderreger von Futterleguminosen*

Befallene Leguminose	Schadbild	Übertragungs-wege	Vorbeugende und begleitende Maßnahmen
Kleekrebs *(Sclerotinia trifoliorum)*			
R, L, E, G, St, I, Wu, We, Sch, H	• Nesterweises Erkranken im Bestand • Kleine braune Flecken, Vergilben und Verdorren der Blätter, faulende Wurzelhälse und Sprossteile • Im Frühjahr am Wurzelhals zunächst weiße, später schwarze Sklerotien (Dauerstadien, können mehrere Jahre überdauern)	S, B, Wi	• Anbaupausen einhalten (bis zu 7 Jahre bei sehr starkem Befall) • Sorgfältige Bodenbearbeitung (Pflügen) • Neuansaaten mit ausreichenden Abständen zu befallenen Flächen • Saatgut aus Kleekrebs freien Beständen • Kleegras statt Reinbestände • Verwendung tetraploider, resistenter Sorten • Nicht zu dichte Bestände • Herbstbeweidung und Einsatz einer schweren Walze (auch im Frühjahr).
Fusarium-Wurzelfäulekomplex			
R, L	• Wurzeln verfaulen, Pflanzen welken • Pflanzen sterben ab und bilden kahle Flecken im Bestand	B	• Optimales Management des Luzernebestands (Ansaat, Schnitttermine) • Anbauabstand in der Fruchtfolge einhalten
Wurzelkrebs der Luzerne *(Urophlyctis alfalfae)*			
L	• Sprossknospen am Wurzelhals krebsartig verändert • Mangelhafter Wiederaustrieb nach dem letzten Schnitt	S, B	• Anbauabstand in der Fruchtfolge einhalten
Welkekrankheit der Luzerne *(Verticillium albo-atrum)*			
L	• Auftreten verwelkter Pflanzennester • Vergilben der jungen Blätter an den Spitzen der Pflanzen	S, B, Heu, infizierte Felder, Geräte	• *Verticillium* freies Saatgut kaufen • Anbau resistenter Sorten • Anbauabstand in der Fruchtfolge einhalten

Befallene Leguminose	Schadbild	Übertragungswege	Vorbeugende und begleitende Maßnahmen
	• Blätter mit gelben oder braunen V-förmigen Flecken an den Blattspitzen • Absterben der Pflanzen (Stängel bleiben erhalten) • Die Sprossachsen und Wurzeln zeigen eine bräunliche bis schwarze Verfärbung im Inneren		• Frühzeitige Mahd • Organische Düngung und Kalk für die Verbesserung der Nährstoffverfügbarkeit und Bodenstruktur • Verbesserung der Bodenstruktur (Beseitigung von etwaigen Staunässen) über gezielte Bodenbearbeitungsmaßnahmen • Bei starkem Befall – Umbruch des Bestands • Förderung des Pflanzenwachstums
Klappenschorf *(Pseudopeziza trifolii; Pseudopeziza medicaginis)*			
R, L	• 2–3 mm große eckige Flecken mit gefransten Rändern an unteren Blättern • Blätterfarbe verändert sich von olivgrün zu braun bis schwarz • Blätter rollen sich ein und sterben ab	P	• Kulturartenreiche Fruchtfolge • Anbauabstand in der Fruchtfolge einhalten • Früher Schnitt, um den Befall zu reduzieren • Anbau verschiedener (resistenter) Sorten
Stängelbrenner *(Gloeosporium caulivorum)*			
A, R, Se	• Auf Stängeln und Blättern langgezogene braune Flecken sichtbar, oberhalb denen die Pflanzen absterben und umknicken • Befall im zweiten und dritten Aufwuchs	P	• Befallene Bestände abmähen, verfüttern oder kompostieren
Echter Mehltau *(Erysiphe trifolii)*			
R, E, We, I, H, WU	• Ab Mitte Juli erscheint mehliger, grauweißer Belag auf der Oberseite der Blätter • Blätter vergilben und sterben ab	P, Wi	• Stark befallene Bestände schneiden, danach silieren oder trocknen • Kulturartenreiche Fruchtfolge
Falscher Mehltau *(Peronospora aestivalis)*			
L, H, St	• Blätter gelblich verfärbt • Blattunterseiten mit grauem Pilzbelag	Wi, Wa	• Anbauabstand in der Fruchtfolge einhalten • Früher erster Schnitt

Befallene Leguminose	Schadbild	Übertragungswege	Vorbeugende und begleitende Maßnahmen
Kleezystenälchen *(Heterodera trifolii)*			
R, E	• Verkleinerung der Blätter, Dünnstängeligkeit und Verminderung der Blütenbildung • Wurzeln bleiben feinfaserig und haben zitronenförmige, zunächst gelbliche, später braune Zysten	B	• Kulturartenreiche Fruchtfolge
Stängelälchen *(Ditylenchus dipsaci)*			
R, L, E	• Triebe schwach, schwellen am Grund zwiebelartig an (darin befinden sich die Älchen) • Sprossknospen vergallen • Im Stock und im Stängel bilden sich Zysten • Blätter klein, vergilben und Blütenbildung bleibt zurück	B, P	• Anbauabstand in der Fruchtfolge einhalten • Anbau resistenter Sorten (jedoch Resistenzen lokal unterschiedlich erfolgreich, da es lokal unterschiedliche Rassen von *Ditylenchus dipsaci* gibt)
Blattbrand *(Leptosphaerulina trifolii)*			
L	• Schwarze, eingesunkene Flecken auf den Blättern und Stängeln • Blätter sterben bei starkem Befall ab	Wa	• Nicht zu hohe Bestandesdichten • Kulturartenreiche Fruchtfolge • Anbauabstand in der Fruchtfolge einhalten
Kleesamenrüssler *(Apion aestivum)*			
R	• Larven fressen die Samenanlagen, erwachsene Käfer verursachen feinen Lochfraß auf den Blättern • Käfer kann in 2–3 Generationen pro Jahr auftreten • 2. Generation vermindert die Samenproduktion des Rotklees	Legt Eier in Blütenköpfe	• Früher erster Schnitt • Kulturartenreiche Fruchtfolge
Luzernerüssler, Dickmaulrüssler *(Brachyrrhinus ligustici)*			
L	• Fraßgänge der Larven in Längsrichtung der Wurzel angelegt • Pflanze lässt sich sehr leicht aus dem Boden entfernen	B	• Anbauabstand in der Fruchtfolge einhalten • Räumlich getrennter Anbau der Luzerne

Befallene Leguminose	Schadbild	Übertragungswege	Vorbeugende und begleitende Maßnahmen
	• Welke- und Vergilbungserscheinungen der Blätter erkennbar • Erwachsene Käfer fressen an Blättern, Knospen und Stängeln • Bei stärkerem Befall werden die Pflanzen bis zum Boden abgefressen • Anbauabstand in der Fruchtfolge einhalten • Räumlich getrennter Anbau der Luzerne		
Blattrandkäfer *(Sitona humeralis, Sitona puncticollis und Sitona crinitus)*			
L, E, Sch	• Erwachsene Käfer fressen an den Rändern der Blätter • Randfraß kann bis zum Totalausfall des Bestandes führen • Larven fressen an den Seitenwurzeln und den Knöllchenbakterien • Anbauabstand in der Fruchtfolge einhalten	B	• Anbauabstand in der Fruchtfolge einhalten
Feldmaus *(Microtus arvalis)*			
Weitgehend alle Kleearten	• Oberirdische Teile und Wurzeln werden gefressen • Sichtbar sind Baueingänge und Laufwechsel der Feldmäuse	B	• Rechtzeitiges und sauberes Räumen der abgeernteten Flächen, um den Schutz der Feldmäuse zu verringern • Aufstellen von Sitzstangen (180 cm) im Abstand von 30–50 m, quer zur Hauptwindrichtung, Querstange mit ca. 3 cm Durchmesser (Fangleistung je Greifvogel u. Tag: bis zu 10 Feldmäusen)

Quelle: Herrmann und Plakolm (1993); Oehmichen (1986); Keller et al. (1999)

S = samenbürtig, B = bodenbürtig, Wa = Wasserverbreitung, Wi = Windverbreitung, P = Pflanzenreste;
A = Alexandrinerklee, E = Esparsette, G = Gelbklee, H = Hornklee, I = Inkarnatklee, R = Rotklee,
L = Luzerne, Sch = Schwedenklee, Se = Serradella, St = Steinklee, We = Weißklee, Wu = Wundklee

Rotklee

Luzerne

Blattrandkäferfraß an Luzerne

Weißklee

Alexandrinerklee

Hornschotenklee

Perserklee

Als Folge des Kleeanbaus können Larven des Saatschnellkäfers (Drahtwürmer) in den nachfolgenden Kulturen auftreten und dort insbesondere Kartoffeln, Mais und Rüben, aber auch verschiedene Gemüsearten schädigen. Da die Saatschnellkäfer zeitgleich in individuell verschiedenen Stadien ihrer Lebenszyklen auftreten, ist eine Bekämpfung schwierig. Mögliche Einflüsse auf ihr Auftreten und damit auch Bekämpfungsmaßnahmen sind unter anderem die Bodenbearbeitung, Saattiefe und -termin sowie kulturartenspezifische Effekte. Wirksame und auf verschiedene Standorte übertragbare Bekämpfungsstrategien gibt es bisher nicht.

Allgemein nimmt der Schaderregerdruck durch Gräserbeimischungen, aber auch durch eine Mischung verschiedener Leguminosen ab. Schnitt bei Regen fördert Fäulnis und Pilzbefall und verzögert den Wiederaufwuchs.

3.6 Nährstoffhaushalt

3.6.1 Nährstoffbedarf und Düngung

Bei niedrigen Stickstoffgehalten im Boden können die Futterleguminosen, sobald sie ein ausreichendes Wurzelsystem (insbesondere Wurzelknöllchen) aufgebaut haben, den Stickstoff aus der Luft beziehen.

Vor der Ausbildung des Wurzelsystems ist die junge Futterleguminose auf einen geringen Stickstoffvorrat im Boden angewiesen. Dieser sollte in den ersten 3–4 Wochen Entwicklung ca. 30–50 kg N/ha betragen.

Bei sehr stickstoffreichen Böden nimmt die Fixierungsleistung der Leguminosen ab. Daher sollten die Leguminosen erst dann angebaut werden, wenn der verfügbare Stickstoffvorrat im Boden aufgebraucht ist.

Phosphor unterstützt im Besonderen die Entwicklung der Knöllchenbakterien. Bei Phosphormangel wird die Aktivität der Knöllchenbakterien stark geschwächt und sie sterben in der Folge ab. Im Gemengeanbau mit anderen Gräsern kann eine Konkurrenzsituation bezüglich Phosphor entstehen, da der Rotklee den Gräsern in der Phosphoraufnahme unterlegen ist.

Eine mangelnde Phosphorversorgung des Bodens kann durch eine Stallmistdüngung vor dem Anbau oder durch geringe Gaben von zugelassenen Phosphatdüngern (z. B. Hyperphosphat) direkt zum Stallmistkompost oder in den Bestand verbessert werden. Besteht die Notwendigkeit, P mineralisch zuzudüngen, sind es gerade die Leguminosen, die darauf sehr positiv reagieren. Eine Gabe von ca. 30 kg P_2O_5/ha ist bereits ausreichend.

Die Futterleguminosen, insbesondere die Luzerne und die Esparsette, haben eines der höchsten Aufschlussvermögen für schwerlösliche Phosphate aller Nutzpflanzen. Daher sollte die Phosphorversorgung bei ausreichender Tiefgründigkeit und Durchwurzelbarkeit des Bodens kein Problem darstellen.

Der Kaliaufnahme der Futterleguminosen ist sehr hoch. Eine optimale Kaliversorgung steigert den Nährstoffgehalt der Hauptwurzel und erhöht dadurch die Lebensdauer und Frosthärte der Luzerne. Der Bedarf kann in der Regel über die Bodenvorräte gedeckt werden.

Auf Böden mit Molybdänmangel – degradierte Löß- und Sandböden (Molybdän wird durch Versauerung festgelegt), Muschelkalk- und Keuperböden (natürliche Mo-Armut) – können Ertragsminderungen eintreten. Bormangel tritt auf leichten, diluvialen Böden auf. Die Luzernepflanze reagiert mit gestauchten Sprossen und bildet verstärkt Seitentriebe aus, die Blätter sind klein und vergilben (Diepenbrock et al. 1999).

Die Futterleguminosen zählen zu den humusmehrenden Pflanzenarten (Tabelle 15) mit einem hohen Nährstoffaufschließungsvermögen. Eine Düngung mit

Stallmistkompost ist auf sehr humusarmen Böden mit ungünstigen Bodenstruktureigenschaften nach der ersten oder zweiten Nutzung zweckmäßig.

Allgemein kann gesagt werden, dass eine Stallmistdüngung umso eher angebracht ist, je mehr der Standort von den optimalen Bedingungen der gewählten Kleesorte entfernt ist.

Eine Düngung mit Stallmistkompost in Höhe von 20 t/ha (2,3–3,3 kg N_{verf}/t, 1,8–2,6 kg P_2O_5/t und 5,2–9,5 kg K_2O/t), kann das Anfangswachstum und die Keimlingsentwicklung fördern sowie die Mikroorganismentätigkeit für den Aufschluss von Phosphor und Kali aktivieren. Eine Düngung ist auch dann angebracht, wenn die Bestände schwach aus dem Winter kommen.

Im dritten Anbaujahr, wenn das Leguminosengras-Gemenge bereits an Kleeanteilen verloren hat und zunehmend die Gräser dominieren, kann mit Rinderjauche (RJ) oder gut verdünnter, fließfähiger Rindergülle (RG) die Ertragsentwicklung unterstützt werden (ca. 15 m^3/ha und Nutzung in kg/m^3: RJ: N_{ges}: 4,0; NH_4-N: 3,5; P_2O_5: 0,2; K_2O: 8,0; RG: N_{ges}: 4,0; NH_4-N: 2,2; P_2O_5: 2,0; K_2O: 5,5). Zu einem früheren Zeitpunkt oder bei reinen Kleebeständen ist Jauche zurückhaltend einzusetzen, da sonst der Leguminosenanteil abnimmt bzw. die Luftstickstofffixierung eingestellt wird.

Die Düngung des Esparsetten- und Steinkleebestands lohnt sich betriebswirtschaftlich nicht und ist auch nicht notwendig. Je stärker die Esparsette gedüngt wird, desto kürzer ist ihre Lebensdauer.

Wenn die pH-Werte der jeweiligen Leguminosenarten unterschritten werden (Abbildung 3), ist eine über mehrere Jahre verteilte Kalkung mit kohlensaurem Kalk oder kalkhaltigen Steinmehlen zu empfehlen. An Kalk verarmte Standorte erhalten diese Gabe bereits 1–2 Jahre vor dem Anbau der Futterleguminosen. Auch vor der Aussaat kann eine geringe Kalkgabe in die Krume (Keimbettkalkung) die Lebensbedingungen der Rhizobien deutlich verbessern (Simon 1993).

3.6.2 Stickstofffixierung

Durch die Tätigkeit der Knöllchenbakterien an den Wurzeln der Leguminosen kann diese Pflanzengruppe ihren Stickstoffbedarf weitgehend aus der Luft decken. Die artspezifischen Knöllchenbakterien gehen mit den Wurzeln der Leguminose eine Symbiose ein. Dabei erhält die Pflanze Stickstoff und die Knöllchenbakterien Kohlenstoffverbindungen. Nach langjährigen Anbaupausen oder erstmaligem Anbau kann eine Impfung des Saatguts mit den Rhizobien notwendig werden. Dafür sind spezifische Rhizobiensuspensionen erhältlich. Diese werden in einer Mischtrommel (z. B. in einem Betonmischer) mit dem Saatgut vermischt und danach spätestens nach einem Tag ausgesät.
Die Stickstofffixierleistung von Futterleguminosen variiert in einem weiten Spektrum (Tabelle 13). Unterschiede ergeben sich durch die Nutzungsform (Reinsaat oder Gemenge, Schnitt-, Mulch-, Saatgut-, Weide- oder Mischnutzung), den Einsaatzeitpunkt und die Nutzungsdauer, die Standortfaktoren (Temperatur, Trockenperioden, Niederschläge, Nährstoffversorgung, pH-Wert, Wasserverfügbarkeit), den Rhizobienbesatz, die Sorte, den Nutzungszeitpunkt (Entwicklungsstadium der Pflanzen) sowie die Nutzungsbedingungen (Schnitthöhe, Bodenzustand bei Nutzung, Witterung) (Tabelle 14, Tabelle 15).

TAB. 13: *Stickstofffixierleistungen von Futterleguminosen*

Leguminosenart	Stickstofffixierung in kg/ha und Jahr
Alexandrinerklee	50–150
Esparsette	50–200
Gelbklee	30–100
Hornschotenklee	30–100
Inkarnatklee	50–150
Luzerne(-gras), Rotklee(-gras)	80–350
Perserklee	50–150
Schwedenklee	30–150
Weißer Steinklee	80–250
Weißklee	50–250

Quelle: nach mehreren Autoren

TAB. 14: *Stickstofffixierleistung und durchschnittliches Stickstoffangebot in Abhängigkeit vom Kleeanteil in der Fruchtfolge – schematisch*

Kleeanteil in % der Fruchtfolge	Stickstoff-fixierleistung gesamt in kg N/ha	Anzahl Jahre mit Klee	Fruchtfolge-felder (ohne Kleejahre)	Anteil N aus Stickstofffixier-leistung für die Frucht-folge in kg/ha und Jahr (ohne Kleejahre)
20	200	1	5 (4)	50
25	400	2	8 (6)	66
25*	200	1	4 (3)	66
28	400	2	7 (5)	80
33	400	2	6 (4)	100

Quelle: Freyer (2003)

* um den Anbauabstand einzuhalten, wird im Wechsel Rotklee, Luzerne oder Steinklee angebaut

TAB. 15: *Einsaatzeitpunkt, Wachstumsdauer und Leistungen von Klee – schematisch*

Von	bis	Anzahl Monate	dt TM/ ha	Stickstoff-fixierleistung in kg N/ha	Humus-wirkung	Wurzel-masse	Nachfrucht
März (BS)	Sept	7	70	105	+	+	Wintergetreide
März (BS)	Dez	10	80	120	+	+	Sommergetreide
März (BS)	März (1. FJ)	12	100	150	+	+	Körnermais
März (BS)	Sept (1. FJ)	18	200	300	++	++	Winterweizen
März (US)	Sept (1. FJ)	18 (12)	140	210	++	++	Winterweizen
August (BS)	August (1. FJ)	12	120	180	+	+	Winterweizen
März (US)	Sept (2. FJ)	30 (24)	260	450	+++	+++	Winterweizen
April (GS)	Sept (2. FJ)	30	320	550	+++	+++	Winterweizen

Angaben jeweils geschätzt; Anbau unter sonst gleichen Bedingungen; Frühjahrsumbruch bei geeigneten Boden- und Klimaverhältnissen; BS = Blanksaat; GS = Gemengesaat mit Hafer, Erbsen, Sommerwicke; US = Untersaat in Getreide (alle Getreidearten, je nach Standort bzw. Wasserversorgung, Strohlänge, Saatstärke oder Saatverfahren); 1. FJ = 1. Folgejahr usw.; Monate in Klammern bei Untersaaten = Anbaudauer nach Ernte der Getreidedeckfrucht; + = gering, ++ = mittel, +++ = hoch

Besonders die Luzerne ist aufgrund des hoch liegenden Wurzelkopfs gegenüber Raddruck und -schlupf sowie Beweidung empfindlich. Wird bei feuchten Bodenbedingungen der Boden verdichtet, muss deshalb insbesondere bei Luzerne mit Bestandsschäden und daraus resultierenden Minderleistungen bei der Stickstofffixierung gerechnet werden. Mit bodendruckreduzierender Bereifung kann der Verdichtung entgegen gewirkt werden.

Die Stickstofffixierleistung der Leguminosen wird im Gemenge mit Gräsern durch die Konkurrenz um Wachstumsfaktoren (Licht, Wasser) eingeschränkt. Da die Gräser im Gemenge den pflanzenverfügbaren Stickstoff im Boden reduzieren, nimmt die Aktivität der Knöllchenbakterien zur Deckung des Stickstoffbedarfs, bezogen auf die einzelne Leguminosenpflanze, jedoch zu. Je nach Entwicklung der Gräser und Leguminosen kann die Stickstofffixierleistung in Leguminosengras-Gemengen über, gleich oder unter denen von Leguminosen-Reinbeständen liegen. Allgemein wird angenommen, dass sich die Stickstofffixierleistung in Reinsaaten und Gemengen nicht wesentlich unterscheiden. Der hinsichtlich Stickstofffixierleistung optimale Gräseranteil in Gemengen ist abhängig vom Standort und der Nutzung. Die Empfehlungen liegen bei ca. 20 bis 30 % der Reinsaatstärke im Ansaatjahr. Wichtig ist, dass die artspezifischen kritischen Saatstärken im Gemenge nicht überschritten werden. Für Luzerne und Rotklee genügt bereits eine Saatstärke von 8–12 kg/ha, um die volle Konkurrenzfähigkeit im Gemenge mit Gräsern sicher zu stellen. In Leguminosengras-Gemengen stellen die Leguminosen über den Abbau von Feinwurzeln, Stängel, Blättern und Knöllchen sowie über Wurzelausscheidungen und Auswaschung von löslichen Stickstoffverbindungen aus dem Leguminosenspross den Gräsern während der Vegetationsperiode ca. 30–50 kg N/ha zur Verfügung. In den ersten Monaten nach der Saat ist der N-Transfer von den Leguminosen zu den Gräsern gering, weil die Leguminose den fixierten N selbst nutzt. Erst nach etwa 6 Monaten und bei niedrigen Gehalten an pflanzenverfügbarem Stickstoff im Boden nehmen die Transferraten zu. Damit kann etwa ein Bestandesanteil von 15–20 % Gräser mit Stickstoff versorgt werden (entsprechend ist auch der Gräseranteil zumindest im Ansaatjahr anzustreben).

3.6.3 Nährstoffbilanz

In Betrieben mit zweijährigem Futterleguminosenanbau kann in der Regel der Stickstoff positiv bilanzieren. Nur bei Verkauf des Aufwuchses als Futter kann die Bilanz negativ ausfallen, ebenso bei Phosphor und Kali, weshalb dann mittelfristig Alternativen zur Schließung der Nährstoffkreisläufe durch Zufuhr von Biokomposten zu überprüfen sind.

Im Futterbaubetrieb sind die über tierische Produkte aus dem Betrieb exportierten Nährstoffmengen gering (Tabelle 16) (trifft auch für die Saatguterzeugung zu). Bei den organischen Düngern sind entsprechende Stickstoffverluste zu kalkulieren (bis zu 40 % vom zu Beginn der Lagerung vorhandenen Stickstoff).

TAB. 16: *Nährstoffgehalte tierischer Produkte*

Produkt	Menge	N in kg	P_2O_5 in kg	K_2O in kg
Milch	1.000 kg	5,60	2,29	1,80
Fleisch	100 kg	2,00	1,60	0,24
Eier	1.000 Stück	1,20	0,23	0,07

Quelle: nach mehreren Autoren

Die Bilanz gibt nicht nur Hinweise über die Nährstoffabfuhr. Auch die in den Futtergemengen der Zwischenfrucht und dem Stroh der Nachfrucht in größeren Mengen gespeicherten Nährstoffe, die auf dem Feld verbleiben, geben Informationen über die Nährstoffversorgung und für die Bemessung von legumen Gründüngungspflanzen in der Fruchtfolge.

Verbleiben die Futterleguminosen, das Getreidestroh und die Zwischenfrucht auf dem Feld, können erhebliche Mengen an Mineralstoffen in leicht verfügbarer Form den jeweiligen Folgekulturen bereitgestellt werden (Tabelle 17).

TAB. 17: *Nährstoffbilanz und Bereitstellung von überwiegend leicht verfügbaren Mineralstoffen aus Futterleguminosen, Zwischenfrucht und Stroh im viehlosen Betrieb*

Jahr	Kulturart	TM in dt/ha	N (N_{Fix}) in kg/ha	P_2O_5 in kg/ha	K_2O in kg/ha
1	Futterleguminosen Mulch	120	250 (200)	75	325
2	Futterleguminosen Mulch	120	250 (200)	75	325
3	Wintergetreide Korn	50	90	40	30
	Stroh	50	25	15	75
	ZF Gründüngung	30	60 (48)	27	105
4	Kartoffeln	300 FM	105	42	180
5	Erbsen	20	72 (40)	22	28
	ZF Gründüngung	30	50	27	105
6	Wintergetreide Korn	40	72	32	24
	Stroh	40	20	12	60
7	Sommergetreide Korn	30	54	24	18
	Stroh	30	15	9	45
	Bilanz total in kg	–	-393 + 488 = 95	-160	-280
	Bilanz total in kg/ha	–	14	-23	-40
	Überwiegend leicht verfüg. Mineralstoffe aus FL, ZF, Stroh in kg (kg/ha)	–	670 (96)	240 (34)	1040 (149)

Quelle: Freyer (2003), ergänzt; Daten: Landwirtschaftsamt Schwäbisch Gmünd

Luzerne und Zwischenfrucht: Berechnungsgrundlage sind die Stickstofffixierleistungen (N_{Fix}) in Klammern; FM = Frischmasse der Knollen (Bruttoertrag); FL = Futterleguminose; TM = Trockenmasse; ZF = Zwischenfrucht. Die Bilanzwerte für Rotklee liegen auf vergleichbarem Niveau. Der Calciumgehalt liegt je 100 dt TM bei 150–250 kg, für Magnesium bei 30–40 kg.

3.7 Nutzungsformen

3.7.1 Allgemeine Hinweise zur Nutzung – Anzahl, Termine, Schnitthöhe

Die Nutzung der Futterleguminosen unterscheidet Schnittnutzung und Weidenutzung (Futter), Mulchnutzung (Gründüngung), Saatguterzeugung sowie die Schnittnutzung zur Herstellung energiereicher Pellets oder als Dünger im Betrieb (siehe Kapitel 3.7.6). Die Nutzungsform und die Nutzungsdauer variieren je nach Futterleguminosenart (Tabelle 18). Der Anbauumfang und die Mischungen von Leguminosengras-Gemengen muss entsprechend dem Energie- und Proteinbedarf der Tiere abgestimmt werden. Die Nutzungshäufigkeit liegt bei zwei bis drei Schnitten und kann für Luzerne, Weißklee, Rotklee sowie Alexandriner- und Perserklee und deren Gräsergemengepartner bis auf vier, in Einzelfällen auf fünf erhöht werden. Samennutzung wirkt sich deutlich ertragssteigernd im Folgejahr aus. Im zweiten Jahr werden meist die höchsten Erträge erreicht. Der letzte Nutzungstermin im Jahr variiert je nach Klimaregion. Wesentlich ist die Gewährleistung einer ausreichenden Speicherung von Reservestoffen. Stoppelsaaten oder schwach entwickelte Deckfruchtsaaten werden vor dem Winter nicht genutzt.

Die Nutzungsintervalle zwischen den Schnitten nehmen innerhalb des Jahres nach und nach zu. Hohe Nutzungsintensität im ersten Jahr kann zu einem starken Ertragsrückgang im zweiten Jahr führen. Bei vier- bis fünfmaliger Nutzung von Rotklee, Luzerne, Alexandriner- oder Perserklee muss die 1. Nutzung frühzeitig einsetzen. Zu häufige und zu frühe Nutzung bei geringer Wuchshöhe vermindert die Reservestoffeinlagerung in die Wurzeln und erschöpft die Pflanzen, worauf einzelne Pflanzen absterben, der Bestand ausdünnt und nachfolgend sich Beikräuter ausbreiten, welche von dem N-Angebot der Leguminosen profitieren. Steinklee wird bis zu dreimal, Serradella zweimal und Esparsette ein- bis zweimal genutzt.

TAB. 18: *Nutzungsformen der Klee- und Grasarten im Anbau als Untersaat und im 1. Hauptnutzungsjahr*

Nutzungen	US 1	1. Hauptnutzungsjahr 1	2	3	4–5
Leguminosen					
Alexandrinerklee	S	S, SG	S		
Esparsette	W	S, SG	S, W		
Gelbklee	W	S, SG	S, W		
Hornklee		S, bW	S, SG, bW	S, W	
Inkarnatklee	bS, W	S, SG			
Luzerne	S	S	S, SG	S, bW	S, bW
Perserklee	S	S, SG	S	S	S, W
Rotklee	S, W	S, W	S, SG, W	S, W	S, W
Schwedenklee	S, W	S, SG, W	S, W		
Serradella	S, W	S, SG, W	S, W		
Weißer Steinklee	W	S, SG	S, W	S, W	
Weißklee	S, W	bS, W	bS, SG, W	bS, W	bs, W
Wundklee	S, W	S, SG, W	S, W		
Gräser					
Einj. Weidelgras	S	S, W	S, W	S, W	S, W
Welsches Weidelgras	S	S, W	S, bW	S, bW	W
Deutsches Weidelgras	W	W	W	W	W
Glatthafer	S	S	S		
Knaulgras	bS, W	S, bW	S, bW	S, W	
Rot-/Schafschwingel	S	W	W		
Timothe	S, W	S, W	S, W	S, W	S, W
Wehrlose Trespe		bS, W	S, W		
Wiesenschwingel	bS, W	S, W	S, W	S, W	

US = Untersaat, S = Schnitt (bzw. Mulch), W = Weide, SG = Samengewinnung,
bS = bedingter Schnitt, bW = bedingte Weide

Quelle: verändert und ergänzt nach Simon (1960a)

Der erste Aufwuchs im Frühsommer nach Frühjahrsblanksaat ist ca. 75–90 Tage nach der Saat zu ernten. Aufgrund des erhöhten Wärmeanspruchs entwickelt sich die Luzerne langsamer als der Rotklee. Spitzen-Tageszuwächse liegen bei 150 kg TM/ha, bei der 3. Schnittnutzung sinken diese auf unter 50 kg TM/ha. Als Faustregel zur Schätzung des Ertrages kann bei einer Bestandeshöhe von 10 cm ein Ertrag von 5–7 dt TM/ha angenommen werden.

Mit zunehmender Wuchshöhe nehmen der Ertrag und der Gehalt an verdaulichkeitsmindernder Rohfaser zu, während die Rohproteingehalte und die Energiedichte abfallen. Bezogen auf alle Nutzungen ist der Rohproteingehalt zum 1. Schnitt hoch, geht dann zum 2. Schnitt zurück und steigt zum 3. Schnitt wieder an. Früher Schnitt fördert die Leguminosen, später Schnitt die Gräser. Während der Rotklee und Perserklee bis zur Vollblüte genutzt werden, sollte der Nutzungszeitpunkt bei der Luzerne bereits etwas früher einsetzen. Dichte Bestände werden spätestens bei Gelbfärbung der Grundblätter gemäht. Ein hoher Schnitt vermindert die Bodenaustrocknung und begünstigt den Wiederaufwuchs.

Als grobe Anhaltspunkte für die maximale Wuchshöhe zur Erzielung hoher Futterwerte gelten beim 1. Schnitt ca. 50–60 cm, beim 2. und 3. dritten Schnitt ca. 40–50 cm. Der optimale Schnittzeitpunkt hinsichtlich der Inhaltsstoffe liegt bei den Gräsern kurz vor Beginn des Ährenschiebens.

3.7.2 Schnitt

Rotklee

Der Rotklee wird erst zur Blüte gemäht, damit nach der Überwinterung noch ausreichend Nährstoffe eingelagert werden. In sehr guten Rotkleelagen kann der 1. Schnitt aber auch früher erfolgen. Zum Zeitpunkt Knospenstadium/Beginn Blüte liegen die Rohprotein- und Energiegehalte sowie der Ertrag im optimalen Bereich. Erfolgt der Schnitt zu früh, so werden nicht genügend Reservestoffe eingelagert. Der nachfolgende Aufwuchs leidet darunter, so dass der Gesamtertrag sinkt. Bei Schnitt in der Vollblüte und später ist der TM-Ertrag am höchsten, der Energie- und Eiweißertrag ist dagegen bereits rückläufig (Tabelle 19).

Der Kompromiss zwischen den verschiedenen Nutzungsterminen und -zielen führt zu folgender Empfehlung (Lütke Entrup und Oehmichen 2000):

- **1. Nutzung:** 30–40 % der Pflanzen zwischen Knospenstadium und beginnender Blüte
- **2. Nutzung:** 50 % der Pflanzen in der Blüte
- **3. Nutzung:** zwischen Knospenstadium und beginnender Blüte

Bereits bei vier Schnitten wird es schwierig, die Reservestoffeinlagerung angemessen zu gewährleisten. Zum Schnittzeitpunkt beträgt der Blattanteil etwa 1/3 der Gesamtpflanzenmasse (Klapp 1958). Der Eiweißgehalt sinkt von den Blättern über die Blüten (P-Senke!) zu den Stängeln und mit fortschreitendem Abblühen.

Der frühe Rotkleetyp liegt mit seinem bis zu dreimaligen Schnitt pro Hauptnutzungsjahr zeitlich deutlich vor dem späten Rotklee, der einen hohen, aber späteren ersten Ertrag liefert, während der zweite Ertrag deutlich abfällt.

TAB. 19: *Nährstoffgehalte und Nettoenergie des Rotklees in verschiedenen Vegetationsstadien (Grünfutter, 1. Aufwuchs)*

Vegetationsstadium des Rotklees	TM in %	MJ NEL in kg TM	Rohprotein in g/kg TM
Knospenstadium	12,5	6,9	230
Beginn Blüte	14,0	6,7	220
Vollblüte	15,5	6,3	190
Nach der Blüte	17,0	5,9	160

Quelle: Keller et al. (1999)

Zwischen den einzelnen Schnitten sollten je nach Jahreszeit mindestens 5–8 Wochen zur Erholung des Rotkleebestandes liegen (Keller et al. 1999). Im Vergleich zu Luzerne muss die Schnittnutzung des Rotklees nicht so termingenau erfolgen, da der Rotklee erst nach der Vollblüte verholzt. Das Schnittgut kann frisch verfüttert, siliert oder auch zu Heu oder Grummet verarbeitet werden. Der Rotklee zieht im Herbst seinen Wurzelkopf durch Kontraktion der Pfahlwurzel in den Boden. Zum Frühjahr wird eine kurztriebige Laubrosette gebildet, aus deren Blattachselknospen die Blattstängel erwachsen. Dadurch ist der Rotklee weniger nutzungsempfindlich gegenüber tiefem Schnitt als die Luzerne. Mit einem Reinigungsschnitt wird der Rotklee vor dem Winter auf ca. 5–8 cm gekürzt. Damit kann die Kleekrebs- und Mäusegefahr vermindert werden. Durch Walzen oder eine Herbstweide wird die Narbenfestigkeit erhöht.

Weißklee

Die Schnittnutzung tritt beim Weißklee zugunsten der Weidenutzung in den Hintergrund. Im Gemenge orientieren sich die Nutzungsverfahren am dominierenden Rotklee. Gegenüber unterschiedlichen Schnittterminen ist der Weißklee tolerant.

Luzerne

Optimale Erträge und Qualitäten bei der Schnittnutzung der Luzerne werden erreicht, wenn die erste Nutzung bereits vor der Blüte bzw. dem Blühbeginn erfolgt. Bei lockeren Beständen ist die Luzerne spätestens bei Bildung der ersten Nachtriebe am Wurzelkopf zu nutzen. Der Schnitt ist so hoch anzusetzen, dass der Wurzelkopf, in dem auch die Assimilate gespeichert sind und von dem die Erneuerungstriebe ausgehen, nicht beschädigt wird. Ein später Schnitt schwächt die Pflanze, da die Stängel für den nächsten Aufwuchs nach der Blüte austreiben und durch diesen bereits erfasst und entfernt werden. In unseren Breiten ist eine dreimalige Nutzung möglich, dabei sollte die Luzerne jedes Jahr einmal abblühen können (unmittelbar vor dem 2. Schnitt). Durch den verzögerten Schnitttermin und der Einhaltung der Schnitthöhe können die Reservestoffe in die Wurzel verlagert werden. Dadurch wird der nächste Austrieb stärker und der Ertrag insgesamt höher. Vier Schnitte sind nur in sehr guten Luzerne-Lagen möglich, ohne dass der Bestand geschwächt wird. Je häufiger die Nutzung, umso geringer der Rohfasergehalt, bei zunehmender Energiedichte und Verdaulichkeit. Zwischen den letzten beiden Ernten sollten mindestens 5–8 Wochen liegen, der vorletzte Schnitt sollte bis Mitte/Ende August, der letzte je nach Witterung Anfang bis Mitte Oktober abgeschlossen sein. Im Herbst werden die Stoppelsaaten in der Regel nicht mehr geschnitten. Hohe Stoppeln (10 cm) verhindern einerseits das Verwehen der schützenden Schneeschicht, welche Frostschäden an der kälteempfindlichen Luzerne vermeiden helfen. Andererseits kann das Auftreten von Mäusen durch Bestände, welche zu hoch in den Winter gehen, sowie durch Pflanzenreste (Mulch) gefördert werden.

Tabelle 20 zeigt die verschiedenen Strategien, um maximale Erträge zu erreichen. Dabei ist zu beachten, dass jede Maximierung der Erträge in einem Bereich die Erträge in einem Anderen schmälern. So nimmt zwar der TM-Ertrag mit fortschreitendem Entwicklungszustand zu, der Anteil an verdaulichem Rohprotein sowie die Energiedichte relativ ab und der Rohfasergehalt zu. Deshalb ist es am günstigsten, die Luzerne am Ende der Knospenbildung zu schneiden. Mit dieser Schnittführung wird der Luzernebestand nicht geschwächt und der Eiweißertrag und die Qualität des Heus sind gleichzeitig hoch.

TAB. 20: *Einfluss des Entwicklungszustands der Luzerne auf den Ertrag und die Inhaltsstoffe (1. Schnitt)*

Entwicklungszustand	Grünmasse in dt/ha	Trockenmasse in dt/ha	Rohprotein in kg/ha	Verdauliches Rohprotein in kg/ha
Knospe	160	26	575	460
Blühbeginn	180	34	653	500
Vollblüte	200	41	718	529

Quelle: nach mehreren Autoren

Die optimale Nutzungsdauer der Luzerne bei maximalen Erträgen liegt bei zwei Jahren. Wird die Luzerne länger genutzt, werden die Bestände immer lückiger und vergrasen. Eine nur einjährige Nutzung schmälert die positiven Wirkungen der Luzerne. Die Luzerne liefert Energieerträge von ca. 5,8 bis zu 6,2 MJ NEL/kg TM.

TAB. 21: *Luzerneerträge in den verschiedenen Bestandesjahren*

Bestandesjahre	Grünmasse in dt/ha	Trockenmasse in dt/ha	Verdauliches Rohprotein in kg/ha
Ansaatjahr	100–200	30–50	450–800
1. Nutzungsjahr	400–500	100–120	1.500–2.000
2. Nutzungsjahr	300–400	80–100	1.200–1.500

Quelle: Fischbeck et al. (1982)

Alexandrinerklee

In Reinsaaten kann der erste Schnitt bei entsprechenden Wachstumsbedingungen des Alexandrinerklees bereits nach ca. 6–8 Wochen nach der Aussaat erfolgen. Bis zum zweiten Schnitt dauert es 3–4 Wochen (Sneyd 1995). Da sich am Wurzelkopf Seitentriebe bilden, die den nächsten Aufwuchs erzeugen, ist es wichtig die Schnitthöhe nicht zu tief anzusetzen. Die mehrschnittigen Sorten können je nach Witterung bis zu 5-mal genutzt werden. Dabei ist es wichtig, den Schnitt im Knospenstadium durchzuführen, da die Stängel des Alexandrinerklees danach rasch verholzen. Im Gemengeanbau kann Lagern der Bestände verhindert und der hohe Eiweißgehalt ausgeglichen werden.

Esparsette

Die Esparsette kann ein- bis zweimal pro Jahr (je nach Sorte) geschnitten werden. Der Gesamtertrag der zweischürigen Esparsette ist nicht wesentlich höher als der Ertrag der Einschürigen. Die Schnittnutzung sollte bei beginnender bis voller Blüte erfolgen, das ist meist Mitte bis Ende Juni. Selbst bei späterer Nutzung ist der Futterwert hoch. Der Nachwuchs ist eher gering. Grünschnitte der Esparsette sind besonders für die Fütterung geeignet, da sie nicht bläht und gern gefressen wird.

Perserklee

Im Gegensatz zum Alexandrinerklee ist der Perserklee nutzungselastischer, d. h. er verholzt langsamer und schwächer. Ab Blühbeginn sollte er geschnitten werden, aber auch ein späterer Zeitpunkt ist möglich. Perserklee kann praktisch immer genutzt werden, sobald die Mäh- oder Weidehöhe erreicht wird. Der hohle Stängel des Perserklees mit relativ geringen Faseranteilen macht allerdings eine Nutzung spätestens bei 50 cm notwendig, da sonst mit Lager zu rechnen ist. Das wasserreiche Schnittgut eignet sich nur bedingt für eine Trocknung oder Gärung (Diepenbrock et al. 1999). Bis zu vier Nutzungen sind möglich.

Steinklee

Der Steinklee wird erstmals zum Knospenstadium gemäht, um einen möglichst niedrigen Rohfasergehalt einzuhalten. Ein zu später Schnitt zur Blüte schwächt die Folgenutzung, da die hoch am Stängel sitzenden Knospen bereits austreiben und beschädigt werden. Wird der Steinklee als Untersaat im frühreifen Getreide angebaut, kann der erste Schnitt oder eine Stoppelweide noch im Anbaujahr erfolgen. Normalerweise blüht er erst im zweiten Anbaujahr. Da er nach dem 2. Schnitt und nach der Samennutzung nur mehr sehr schlecht austreibt, wird er sehr hoch geschnitten (12 cm) (Sneyd 1995). Vor dem Umbruch wird kurz gemäht, damit er in der Nachfrucht nicht austreibt. Für die Futternutzung werden nur kumarinarme Weiße Steinkleesorten angebaut.

3.7.3 Mulch

In viehlosen Betrieben wird der Aufwuchs gemulcht und verbleibt als Gründüngung auf dem Feld. Bei hoher Biomasseproduktion und feuchten Witterungsbedingungen kann die Stickstofffixierleistung der Leguminosen gegenüber der futterbaulichen (Schnitt-)Nutzung um 30 % abnehmen (Schmidt et al. 2003). Gründe dafür sind die Hemmung der Stickstofffixierleistung durch den aus dem Mulchmaterial mineralisierten N und eine ertragsreduzierende Wirkung durch das beschattende Mulchmaterial (Loges und Heuwinkel 2004). Eine teilweise Abfuhr in Form von Samenproduktion oder Verkauf des Aufwuchses, kann dem entgegenwirken.

Mulchnutzung erlaubt eine optimale Anpassung des Schnitttermins an die Biomasseproduktion. Rotklee wird maximal 3-mal genutzt, bei Vollblüte gemulcht und geht mit einer Bestandeshöhe von 5–8 cm in den Winter. Bei Luzerne sollte der erste oder zweite Schnitt zur Blüte erfolgen, der letzte Schnitt vor Winter wird bei ca. 10 cm angesetzt. Bezüglich des Schnitt- resp. Mulchregimes sind auch Wünsche der Naturschützer zu bedenken, welche für Kleinsäuger und Vögel spezifische Anforderungen formulieren.

3.7.4 Weide

Der Weißklee ist von allen Kleearten für die Weidenutzung am besten geeignet. In der Zeit ab der Knospe bis zur Blüte, ist die Futterqualität am höchsten. Die Eiweißgehalte bleiben über die gesamte Vegetationsperiode konstant, während die Gehalte bei den Gräsern abnehmen. Starkes Aufkommen von Gräsern verdrängt den Weißklee.

Bei jungem Kleebestand ist die Weide stark zu rationieren oder durch rohfaserreiches Futter zu ergänzen, da sonst bei den Rindern aufgrund des hohen Eiweißgehalts Blähungen zu erwarten sind. Auch taufeuchter Klee kann Blähungen verursachen. Der Wiesenrotklee im Gemenge mit Weißklee und Grasarten (Weidelgras, Wiesenschwingel) eignet sich ebenso für die Beweidung. Da die Leguminosen im Pansen rascher abgebaut werden, ermöglicht insbesondere der Weißklee eine bis zu 25 % höhere Futteraufnahme als Gräser mit vergleichbarer Verdaulichkeit. Weitere legume Mischungspartner sind Schwedenklee, Sumpfschotenklee, Wiesenplatterbse, Hornklee und Esparsette. Die zwei zuletzt Genannten verursachen keine Blähungen. Mischungen von verschiedenen Kleearten und Gräsern sind einerseits nutzungselastischer, andererseits bekömmlicher.

Eine Herbstweide ist nur auf überwiegend trockenen Böden zu empfehlen, da bei feuchten bis nassen Böden die Gefahr von Trittschäden mit Narbenverletzungen und Bodenverdichtungen zu hoch wäre. Die Beweidung vermindert die Gräseranteile. Frühzeitige Beweidung von Weißkleeuntersaaten im Spätherbst schädigen die Quecke, die gerne mit der Untersaat mitwächst. Nach Frosteintritt ist eine rasche und lockere Beweidung möglich, ohne dass größere Schäden auftreten (Simon 1993).

Da die Wurzelköpfe mit den Knospen durch den Tritt verletzt werden, ist die Beweidung herkömmlicher Luzernesorten nur im letzten Anbaujahr möglich. Ausläufertreibende Luzernesorten, wie die Sorte Lucelle, deren Wurzelköpfe tiefer im Boden liegen und dadurch geschützt werden, sind dagegen weidefähig. Generell ist die Beweidung von Luzernegrasgemengen besser geeignet als die Beweidung von Reinbeständen. Außerdem sollte die Weide zeitlich stark beschränkt sein, um die Verletzung der Wurzelköpfe der Luzerne zu verringern. Dazu bietet sich die Umtriebs- oder Portionsweide an.

Der Alexandrinerklee eignet sich nicht zur Beweidung, da die Seitentriebe verbissempfindlich sind. Der letzte Aufwuchs vor dem Umbruch kann aber beweidet werden. Der Perserklee kann besonders in Mischungen mit Raigräsern *(Lolium sp.)* beweidet werden. Der zweite oder der letzte Aufwuchs eignen sich am besten.

Esparsette kann nach dem ersten Schnitt beweidet werden, allerdings erst im zweiten Jahr, da sonst die Speicherstoffeinlagerung limitiert ist. Steinklee ist weidefähig, da er sich nicht wie die Luzerne aus dem Wurzelkopf, sondern aus den Stoppeln regeneriert. Die Beweidung, insbesondere vor Winter, kann sogar die Verzweigungstendenz verstärken, wodurch die Grünmasse rohfaserärmer und weicher wird und der Samenertrag steigt. Der Verbiss darf nicht zu tief ansetzen und muss vor Winter vernarbt sein. Die Überlebens- und Nährstoffstrategie ähnelt jedoch der Luzerne, daher sollte eine zu späte oder zu zeitige Nutzung unterbleiben. Generell ist die Beweidung von Steinkleegemengen sehr selten.

3.7.5 Saatguterzeugung

Rotklee und Luzerne werden mit einer Saatstärke von 3–8 kg/ha gesät, in kombinierter Futternutzung mit 10–15 kg/ha. Angestrebt wird eine Bestandesdichte von 150–200 Pflanzen/m^2. Damit lassen sich eine gute Wasserversorgung und ein optimales Tausendkorngewicht der Samen erreichen. Die Reihenabstände variieren zwischen den üblichen 10–15 cm und 30 cm und mehr, wenn gehackt wird. Die Saatguterzeugung stellt höhere Nährstoffansprüche als der Futterbau, weshalb eine geringe Kompostdüngung zu empfehlen ist (etwa 200 dt/ha). Reiner Samenanbau wird eher selten praktiziert.

Weißklee wird auf von bodenbürtigen Weißkleesamen freien Flächen gesät. Als Deckfrucht eignet sich Sommergerste oder Winterweizen mit einer Bestandesdichte von 300 Pflanzen/m^2 oder Flachs. Die Saatmenge beträgt 1,5–2 kg/ha, der Reihenabstand 24–36 cm mit einem Zielbestand von 40–80 Weißkleepflanzen (Keller et al. 1999).

Die Leguminosen werden v. a. durch solitäre Wildbienen, Honigbienen und Hummeln befruchtet. Da z. T. zu wenige Wildbienen und Hummeln zur Verfügung stehen, ist die Arbeit der Honigbienen von besonderer Bedeutung, weshalb zu den Feldern Bienenstöcke gestellt werden (ca. 4 Stöcke/ha). Auch der Einsatz von Wildbienen kann die Bestäubung fördern. Nur durch Fremdbefruchtung können sich gleichmäßig große Hülsen entwickeln, selbstbefruchtete Blüten produzieren minderwertiges Saatgut. Luzerne, Gelbklee und Schwedenklee sind auch Selbstbefruchter, Wundklee ausschließlich. Für eine optimale Samenentwicklung zur Saatgutgewinnung wird erst der zweite Schnitt genutzt, da die Befruchtungsverhältnisse und die Samenabreife bei den höheren Temperaturen günstiger sind. Der erste Schnitt erfolgt bei Rot- und Weißklee frühzeitig zwischen Knospenstadium und Blüte, bei Luzerne als Schröpfschnitt Ende Mai. Bei Schwedenklee eignet sich bereits der erste Schnitt für die Samenproduktion. Bei erhöhten Niederschlägen ist auch bei Rotklee und Luzerne die Samennutzung zum ersten Schnitt vorzunehmen. Untersaaten werden erst im Folgejahr geerntet. Entwickeln sich starke und weitgehend beikrautfreie Bestände, ist im zweiten Jahr eine weitere Samenproduktion möglich (Buchgraber et al. 1997). Die Samen sind reif, wenn bei Rotklee die meisten Blütenköpfchen schwarzbraun, bei Weiß- und Schwedenklee braun verfärbt sind, bei Luzerne, wenn die unteren Hülsen eine Braunfärbung aufweisen, bei Steinklee, wenn die unteren Samenhülsen reif sind. Die Erträge liegen zwischen 200 und 700 kg/ha, bei Steinklee etwas höher, bei Weißklee im unteren Bereich. Bei guter Lagerung bleibt die Keimfähigkeit ca. 3–4 Jahre erhalten.

3.7.6 Kombinierte Verfahren

Schnitt-, Weide-, Saatgut- und Mulchnutzungen lassen sich auf unterschiedliche Weise kombinieren. In den viehhaltenden Betrieben dominieren die Mähweide oder Kombinationen von Schnitt- und Saatgutnutzungen. In viehlosen Betrieben bieten sich neben der Mulch- und Saatgutnutzung auch Schnittnutzungen zur Pelletherstellung oder dessen Nutzung als Dünger im Betrieb an. Der Aufwuchs wird entweder mit Stroh kompostiert oder in der Biogasanlage aufbereitet. Der Dünger kommt Kulturen mit einer ungünstigen Stellung in der Fruchtfolge oder einer Kultur mit hohem Nährstoffbedarf zugute. Ein Schnitt mit ca. 30 dt TM/ha enthält ca. 80 kg N, 25 P_2O_5 und 110 kg K_2O.

3.7.7 Nutzungsart, Konservierung und Lagerung

Futterleguminosen werden als Grünschnitt, Silage oder Heu geworben. Die verschiedenen Kleearten eignen sich in unterschiedlicher Weise für die jeweilige Nutzungsart, je nach dem Blatt-Stängelverhältnis, den Vorgaben bezüglich dem Schnittzeitpunkt und der Neigung zur Verholzung. In Gemengen richtet sich die Nutzungsart jeweils nach dem Hauptbestandsbildner. Die Gräser sind diesbezüglich als elastischer zu bezeichnen. Unterschiedliche Konservierungsverfahren üben einen Einfluss auf die einsetzbare Menge an Trockenmasse, verdaulichem Rohprotein sowie dessen Anteil in der Trockenmasse aus (Tabelle 22).

Die Silierfähigkeit der verschiedenen Kleegrasgemenge nimmt in folgender Reihe ab: Rotkleegras > Rotklee > Weißklee(-gras) > Luzernegras > Luzerne > Alexandrinerkleegras > Alexandrinerklee > Perserklee > Inkarnatklee. Das Silieren ist bei jungen Beständen problemlos, bei älteren Beständen wird es durch die Sperrigkeit des Futters erschwert. Der Einsatz des Knickzetters, Kurzschnittladewagens oder eines Häckslers reduziert die Blattverluste, verbessert das Anwelken und das anschließende Verdichten der Silage. Das Erntegut sollte auf 30–35 % Trockensubstanz angewelkt werden. Bei sehr ungünstigen Silierbedingungen kann der Einsatz von zugelassenen Silierhilfsmitteln sinnvoll sein. Der Gemengebau von Luzerne mit Futtergräsern eignet sich wesentlich besser zur Silagebereitung als Reinsaaten. Die Rundballen-Silage eignet sich besonders bei kleinen Mengen. Sie ermöglichen – wie das Hochsilo – eine optimale Silagequalität auch bei höheren Trockenmassengehalten. Falls die Luzerne im Fahrsilo konserviert wird, sollte ein Mindestvorschub von 1,5 m pro Woche eingehalten werden, um etwaige Nachgärungen zu verhindern. Die Heubereitung von Futterleguminosen verursacht z. T. erhebliche Bröckelverluste. Reinsaaten von Weißklee neigen im Vergleich zu Rotklee zu höheren Bröckel- und Schimmelverlusten. Bei Bodentrocknung reichen diese bis zu 40 %. Die Reutertrocknung würde die Verluste minimieren, ist jedoch für heutige Verhältnisse meist zu arbeitsaufwändig. Bei der Kaltbelüftung wird das Schnittgut z.B. unter dem Dach auf einen Trocknungsrost gebracht. Dort wird Luft durch einen Ventilator von außen zugeführt und das Heu kann verlustarm getrocknet werden. Es können Stapelhöhen von 5–10 m je nach Luftzuleitungssystem optimal getrocknet werden. Das Schnittgut sollte zuvor auf ca. 45 % Feuchtigkeit angewelkt werden. Dieser Anwelkgrad wird je nach Witterung nach ca. 2 Vortrocknungstagen erreicht. Die beste Konservierungsform für Luzernereinbestände ist die Heißlufttrocknung.

Luzernegrünmehl wird durch Trocknen, Mahlen und eventuell durch nachfolgendes Kompaktieren des jungen Luzerneaufwuchses hergestellt. Dabei sollte ein Mindestrohproteingehalt von 17 % erreicht und ein maximaler Wassergehalt von 22 % nicht überschritten werden. Durch Heißlufttrocknung wird das Grünmehl konserviert. Frühe Schnitte enthalten die höchsten Energie-, Eiweiß- und Karotingehalte. Die Produkte können sowohl für die Fütterung der Wiederkäuer als auch für Schweine eingesetzt werden.

TAB. 22: *Nettoerträge von Rotklee mit unterschiedlichen Konservierungsverfahren*

Konservierungsverfahren	Trockenmasse in dt/ha	Verdauliches Rohprotein in kg/ha	Verdauliches Rohprotein je 10 dt TM in kg/h
Heu in Reutertrocknung	60–150	480–1.200	80
Heu in Kaltbelüftung	70–130	630–1.170	90
Silage im Flachsilo	50–100	600–1.300	130
Silage im Hochsilo	60–115	800–1.600	140

Quelle: Fischbeck et al. (1982)

Durch die Heißlufttrocknung erreicht das Heu den höchsten Futterwert aller Konservierungsarten. Der Karotingehalt bleibt zu 50 % erhalten, während bei anderen Trocknungsarten fast alles verloren geht. Ein weiterer Vorteil ist die Unabhängigkeit von der Witterung. Stark getrocknetes Heu sollte nicht mit dem Gebläse gefördert werden, da die Blattverluste ansonsten zu hoch sind. Das Esparsettenheu ist sehr brüchig, daher sollte es nur in Reuter- oder Unterdachtrocknung konserviert werden. Das sperrige Heu trocknet relativ rasch. Die Erträge erreichen 40–50 dt/ha und Schnitt. Das Heu ist sehr wohlschmeckend, nahrhaft und enthält besonders viele Mineralstoffe. In der Pferdezucht war es früher als kalkhaltiges und knochenbildendes Futter bekannt. Die Silierung oder Heuproduktion optimiert die Futteraufnahme des Steinklees, da dadurch der Geschmack verbessert wird und der Kumaringehalt sinkt. Frühzeitig geschnitten erreicht Steinklee ähnliche Proteinwerte wie Luzerne. Gemenge mit Gräsern und anderen Leguminosen sind bei Futternutzung vorzuziehen. Im Mittel ist ein Heuertrag von etwa 35–50 dt/ha vom 1. Schnitt und deutlich weniger vom 2. Schnitt zu erwarten. Das Heu neigt rasch zum Verschimmeln, wenn es nicht gut getrocknet ist. Heu wird besser aufgenommen als Silage. Die kombinierte Silierung von Steinklee mit Rübenblättern und Zuckerrübenschnitzeln kann aber empfohlen werden.

4 Beschreibung der Futterleguminosen

4.1 Die wichtigsten Futterleguminosen

4.1.1 Rotklee

Der Rotklee ist die in unseren Breiten am häufigsten angebaute Feldfutterpflanze. Er wird vor allem in Kleegrasgemischen eingesetzt. Er liefert hohe Erträge, ist nährstoffreich und ein wertvoller Bestandteil in Rationen vieler Tierarten.

4.1.1.1 Systematik, Herkunft und Bedeutung

Der Rotklee ist eine mehrjährige Leguminose, die in der Natur eine diploide, in den gezüchteten Varianten aber eine tetraploide Genomstruktur besitzt. Der Rotklee bildet eine ausdauernde Pfahlwurzel mit einem Wurzelstock nahe der Bodenoberfläche und zahlreichen verästelten Nebenwurzeln. Im Gegensatz zur Luzerne ist die Durchwurzelungstiefe aber geringer (bei Rotklee ca. 2 m) (Kutschera und Lichtenegger 1992). Die sich stark verzweigenden Seitenwurzeln breiten sich in der Ackerkrume aus.

Der Rotklee wird seit ca. 300 Jahren als Kulturpflanze genutzt. Die Vorläufer des heutigen Kultur-Rotklees stammen aus Nordafrika, Europa und Asien. In Mitteleuropa wurde er zur Besömmerung der Brache in der „Alten Dreifelderwirtschaft" eingeführt.

Der Ackerrotklee wird entweder in Mischungen mit ertragreichen Gräsern oder alleine kultiviert. Man kann u. a. zwei Varianten unterscheiden:

- **Früher Rotklee** *(Trifolium pratense* var. *praecox)*
- **Später Rotklee** *(Trifolium pratense* var. *serotinum)*

Der frühe Rotklee wird in Mitteleuropa bevorzugt angebaut, da er im Hauptnutzungsjahr bis zu 3-mal geschnitten werden kann. Außerdem blüht er bereits im Aussaatjahr. Der späte Rotklee wird in Regionen mit kurzen Sommern angebaut (vor allem Nord- und Osteuropa), da er maximal 2-mal geschnitten werden kann. Normalerweise bleibt es bei einem Schnitt. Der 1. Schnitt ist erst im Frühjahr nach dem Ansaatjahr möglich. Die Trockenheitsempfindlichkeit ist außerdem höher als beim frühen Rotklee.
Der Rotklee ist sehr nährstoffreich und hat einen sehr hohen Futterwert. Rotklee wird gerne aufgenommen, da die Verdauung sehr rasch vor sich geht. In jungem Zustand kann der Rotklee Blähungen verursachen, die Gefahr ist jedoch in guten Futterrationen vernachlässigbar. Im Knospenstadium wird die höchste Qualität erreicht (Tabelle 19). Rotklee enthält Formononetin, ein Isoflavon, das bei Schafen und Rindern Fruchtbarkeitsstörungen verursachen kann. Der Gehalt sinkt im Jahresverlauf und variiert je nach Umweltbedingungen und Sorte.
Bei der Wahl der Sorte ist im Besonderen auf die Kleekrebsanfälligkeit und die Fähigkeit zur Beikrautunterdrückung zu achten. Die Ertragsunterschiede zwischen den verschiedenen Rotkleesorten sind gering.
Zu erwähnen sind die verschiedenen Herkünfte (Provenienzen) des Ackerrotklees. Darunter versteht man bei Fremdbefruchtern Saaten, welche aus langjährig wiederholtem Anbau in einer bestimmten Region hervorgehen. Über den wiederholten langjährigen Anbau wird gezielt oder unbewusst eine Selek-

tion vorangetrieben, angepasst an die jeweiligen klimatischen Bedingungen und die Tageslängen. In kühleren Gebieten eignen sich die eher wärmeliebenden Sorten für den Zwischenfruchtanbau.

4.1.1.2 Boden und Klima

Der Rotklee liebt Lehm- oder Tonböden. Auch lehmige Sande sind günstig. Der Boden sollte nährstoffreich, tiefgründig und mittelschwer sein. Staunässe wirkt sich stark negativ aus und sollte daher unbedingt vermieden werden. Tiefgründige Böden können auch eine ausreichende Wasserversorgung garantieren. Der pH-Wert des Bodens sollte im neutral bis basischen Bereich liegen. Der Rotklee erträgt jedoch niedrigere pH-Werte als die Luzerne.
Feuchtigkeit und milde bis kühle Klimaregionen und ein Jahresniederschlag von mind. 600–650 mm ermöglichen ein optimales Wachstum. Bei zunehmendem Niederschlag werden verstärkt die Gräser gefördert. Die Keimung des Rotklees beginnt ab einer Temperatur von 2–3 °C, 6–8 Tage nach der Saat. Zwischen 20–25 °C liegt der optimale Wachstumsbereich des Rotklees. Trockene Perioden im Sommer stressen den Rotklee stark, er gilt als dürreempfindlich.

4.1.2 Luzerne

Die Luzerne ist die bedeutendste und älteste Futterleguminose weltweit. Die Luzerne bildet das tiefste Wurzelwerk aller Futterleguminosen aus und kann daher selbst bei großer Trockenheit ihr Wachstum fortsetzen. Pro Flächeneinheit produziert die Luzerne bei optimalen Wachstumsbedingungen die größte Eiweißmenge aller Kulturpflanzen. Aufgrund dieser herausragenden Eigenschaften wird sie auch als „Königin der Futterpflanzen" bezeichnet.

4.1.2.1 Systematik, Herkunft und Bedeutung

Die Luzerne *(Medicago sativa),* auch Alfalfa genannt, wurde schon um 470 v. Chr. als Pferdefutter (Saatluzerne) in Asien angebaut. Sie breitete sich von Griechenland über die gesamte Welt aus.

Von den drei wichtigsten Luzernearten wird im gemäßigten Klima hauptsächlich die Saatluzerne mit einem stark ausgeprägten Bastardcharakter angebaut:

- **Saatluzerne** oder **Blaue Luzerne** *(Medicago sativa)*
- **Sichelluzerne** oder **Gelbe Luzerne** *(Medicago falcata)*
- **Bastardluzerne** oder **Sandluzerne** *(Medicago media* oder *Medicago varia):* Kreuzungsprodukt aus *Medicago sativa* und *Mecidago falcata*

Die **Saatluzerne** *(Medicago sativa)* blüht lila oder violett und ist die ursprünglichste und heute bedeutendste sowie meist angebaute Art weltweit. Sie bildet eine lange Pfahlwurzel mit einer Verdickung am Übergang zum Stängel aus. Ihr Wurzelsystem ist am wenigsten stark verzweigt, dafür kann es bis in Tiefen von 2 bis 4 m und weiter vordringen. Durch die Anpassung an höhere Temperaturen und die geringe Winterhärte wird sie in ihrer ursprünglichen Form kaum angebaut.

Die **gelbblühende Sichelluzerne** *(Medicago falcata)* ist kleiner als die Saatluzerne. Im Gegensatz zu den beiden anderen Arten ist das Wurzelsystem dünner, dafür aber weiter verzweigt. Sie ist winterhart und relativ krankheitsresistent. Die Sichelluzerne wird selten als Futterpflanze kultiviert, da ihr Ertragsniveau relativ niedrig ist. Aufgrund ihrer Kälte-, Dürre- und Krankheitsresistenzen wird sie jedoch in der Züchtung eingesetzt.

Die reine Saatluzerne findet man durch ihre fehlende Winterhärte vor allem in Südeuropa, während die winterharte Sichelluzerne im Norden und Nordosten Europas angebaut wird. Die **modernen Luzernesorten** (Bastardluzerne oder Sandluzerne [*Medicago media* oder *Medicago varia*]) sind meist Kreuzungsprodukte aus der Saatluzerne und der Sichelluzerne. Daher können die unterschiedlichen Merkmale der Elternarten verschieden stark ausgeprägt sein (die Blütenfarbe variiert zwischen weiß, gelb, rosa und blau). Die Bastardluzerne wird vor allem im nördlichen Mitteleuropa als Futterpflanze verwendet. Saat- und Sichelluzerne haben dort keine Bedeutung. Der Name „Sandluzerne" stammt von der Entwicklung von spezifischen Herkünften, die unter sonst geeigneten Bedingungen sich an die sandigen Lehmböden angepasst haben, wie andere an eher schwerere Böden.

Die Züchtung arbeitet vor allem an der Resistenz gegen die wichtigste Krankheit der Luzerne, die Luzernewelke. Wichtige Züchtungsziele sind die Verminderung von östrogenwirksamen Substanzen und Saponinen. Sie sind für das Aufblähen von Wiederkäuern und für Ernährungsstörungen bei jungem Geflügel verantwortlich.
Die Wurzeln der Bastardluzerne erreichen Tiefen bis zu 5 m und mehr. 70 % der Gesamtwurzelmasse ist in der Ackerkrume mit Nebenwurzeln verzweigt. Die Pfahlwurzel der Saatluzerne dringt tiefer in den Boden ein und weist deshalb eine höhere Dürrefestigkeit und Ertragsfähigkeit auf.

4.1.2.2 Boden und Klima

Die Luzerne benötigt tiefgründige, warme und durchlässige Böden ohne Verdichtungen. Für die Wasserversorgung werden ca. 550 mm benötigt. Die Temperaturen sollen im Jahresmittel mindestens 7,8 °C betragen (Wintertemperaturen bis zu -20 °C werden überdauert), die Vegetationsperiode mehr als 210 Tage. Trockenperioden werden über die Wasseraufnahme in tieferen, feuchten Bodenschichten bewältigt, vorausgesetzt, dass die Pfahlwurzel entsprechend ausgebildet ist (Abbildung 4). Auch lehmige Sandböden oder schwere Muschelkalkverwitterungsböden sowie Sandböden mit tieferliegenden Lehmschichten lassen den Anbau der Luzerne zu.

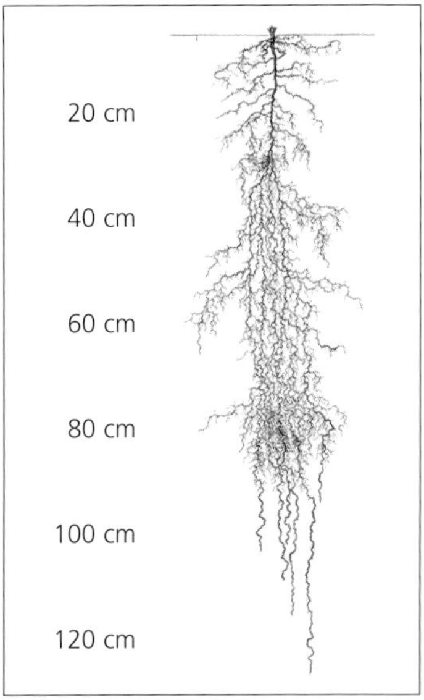

Quelle: Kutschera (1960)

ABB. 4: *Luzernewurzelsystem*

Extrem schwere, nasse, kalte oder saure und nährstoffarme Böden eignen sich nicht für den Luzerneanbau. Für das Wachstum förderlich sind pH-Werte zwischen 6,5 und 7,5. Die Keimtemperatur liegt bei 8–10 °C, der Aufgang erfolgt nach 7–9 Tagen. Die Luzerne kann bis in Höhen von 1400 m in warmen Alpentälern kultiviert werden.
Bei extremer und lang anhaltender Trockenheit kann eine Bewässerung nötig

werden, da selbst die Luzerne in diesem Fall den hohen Wasserbedarf nicht mehr aus dem Unterboden decken kann. Besonders bei der Keimung und Jugendphase ist die Luzerne auf eine ausreichende Wasserversorgung angewiesen. Der hohe Transpirationskoeffizient macht sie im Jugendstadium besonders anfällig gegen Wassermangel. Darüber hinaus wird im Ansaatjahr das Wurzelsystem im Vorlauf zur oberirdischen Masse ausgebildet, worüber sich die langsame oberirdische Entwicklung erklärt.

4.1.3 Weißklee

Der Weißklee ist eine weitverbreitete Leguminose im mehrjährigen Feldfutter- und Dauergrünlandanbau. Er gilt als die bedeutendste Kleeart für die Weidenutzung. Im Hauptfruchtfutterbau wird er dem Rotklee beigemengt oder als einjährige Untersaat im Getreide eingesetzt.

4.1.3.1 Systematik, Herkunft und Bedeutung

Der Weißklee (Kriechender Klee) ist in Europa heimisch. Die Verbreitung als Kulturpflanze begann ab dem 16. Jh., ausgehend von den Niederlanden und Oberitalien (Breunig et al. 1988). Das optimale Verbreitungsgebiet für den Weißklee *(Trifolium repens L.)* sind die feuchten Küsten- und Gebirgsregionen, weniger die kontinentalen Klimaregionen. Nach dem Wuchstyp werden drei Formen unterschieden (Lütke Entrup und Oehmichen 2000):

- **Ladino-Typ** *(Trifolium repens f. giganteum):* hochwachsend, großblättrig, weniger ausdauernd, geringere Winterhärte, geringe Ausläuferbildung
- **Morsö-Typ** *(Trifolium repens f. microphyllum):* niedriger im Wuchs, besser trittverträglich, mehr Ausläufer, kleinere Blätter (Minor-Typ), Eignung für die Weidenutzung
- **Hollandica-Typ** *(Trifolium repens f. cultum):* mittelgroßes Blatt, Eignung für Dauergrünland

Der Weißklee ist primär ein Weideklee mit hoher Anpassungsfähigkeit und Aus-

dauer. Die gute Weideeignung kann über das vegetative Regenerationsvermögen erklärt werden. Die niederliegenden Stängel bewurzeln sich an den Nodien, welche von den Weidetieren in den Boden eingetreten werden. Durch den Weidetritt wird die Ausbreitung gefördert. Die am Oberboden dahin kriechenden Stängel schließen rasch Bestandslücken, sodass kaum Beikräuter aufkommen. Die eher schwach ausgebildete Pfahlwurzel reicht bis in 60–80 cm Tiefe, die stark verzweigten Seitenwurzeln verbreiten sich überwiegend im Oberboden. Durch den bodenbedeckenden Wuchs ist er stark Gare fördernd. Da der Samen im Kuhmagen und im Kompost überdauert, wird er über den Stallmist auf den Ackerflächen verteilt. Die Eignung als Untersaat und Einsaat in Gemenge resultiert aus der geringen Wuchshöhe, die im Wesentlichen durch die Länge des Blattstieles bestimmt wird, und der guten Beschattungsverträglichkeit.
Giganteum-Formen mit hochwachsenden Sorten und halb aufrechtem Stängelwuchs eignen sich auf frischen und feuchten Standorten für den einjährigen Feldfutterbau mit drei-viermaliger Nutzung. Der hohe Blattanteil lässt bei einer hohen Energiedichte eine hohe Futterqualität zu (Diepenbrock et al. 1999).
Niedrig wachsende Formen werden primär für die Gründüngung verwendet.
Weißklee verträgt mehrere Nutzungen. Er ist mehrjährig und selbstverträglich mit sich und anderen Leguminosen. Er wird meist als Mischungspartner in Kleegrasgemengen mit langjähriger Nutzungsdauer, aber auch zu Gründüngungszwecken im Sommerzwischenfruchtanbau als Untersaat eingesetzt. Er gilt als anpassungsfähiger als der Rotklee und kann länger genutzt werden.

4.1.3.2 Boden und Klima

Der Weißklee verträgt ein breites Spektrum an Standortbedingungen. Er bevorzugt hohe Luftfeuchtigkeit, kalkhaltige, pH-Wert neutrale, weitgehend steinfreie, sandig bis lehmige Böden. Im Vergleich zu Rotklee ist der Weißklee weniger dürre- und kälteempfindlich und in seinen Bodenansprüchen bescheidener. So kann er auch auf flachgründigen Böden in rauen Lagen angebaut werden. Auch Tonböden und kultivierte Moorböden eignen sich. Auf diesen Böden wird Schwedenklee ergänzt. Saure, staunasse und trockene Standorte scheiden für den Anbau aus. Bodenverdichtungen verträgt Rotklee besser als andere Klee-

4.2 Weitere Futterleguminosen

4.2.1 Trockene bis mittlere Lagen

4.2.1.1 Alexandrinerklee

Der Alexandrinerklee *(Trifolium alexandrinum)* ist eine einjährige, stark verzweigende Leguminose, die durch die endständigen, weißen Blüten erkennbar ist. Der Alexandrinerklee ist eine uralte Kulturpflanze, die aus dem Mittelmeergebiet und aus Ägypten stammt und nach 1945 in Mitteleuropa eingeführt wurde. Er wird v. a. in warmen Klimata, wie dem Mittelmeergebiet, Nordafrika, die südlichen Regionen der USA und Russland, Australien und Südamerika, angebaut. Leichte bis mittelschwere und nährstoffreiche Böden eignen sich für einen optimalen Anbau des Alexandrinerklees. Er kann aber auch auf salzigen Standorten gedeihen. Zu hohe pH-Werte und sandige Böden sind ungeeignet. Der Alexandrinerklee ist auf warme, feuchte Klimabedingungen angewiesen. Die schnellwüchsigen, mehrschnittigen Sorten benötigen besonders hohe Niederschläge. Im mitteleuropäischen Winter friert der Alexandrinerklee ab.
Anfangs wurde der Alexandrinerklee als Rotkleeersatz eingesetzt, mittlerweile hat er eine große Bedeutung im Haupt- und Zwischenfruchtanbau. Von Vorteil sind sein schnelles Wachstum, die hohen Erträge und die rasche Verrottung der Ernterückstände. Als Grünfutter wird der Alexandrinerklee sehr gerne gefressen, zur Konservierung eignet er sich nur bedingt. Das Sortenangebot beim Alexandrinerklee umfasst mehrschnittige, ertragsstarke (früher „Muskowi-Formen“) und einschnittige Sorten (früher „Fahli-Formen“) (Sneyd 1995). Für den Zwischenfruchtbau werden einschnittige Formen mit einem TKG von 3,5 g eingesetzt. Die Aussaat beginnt ab Mai und ist bis August für den Zwischenfruchtanbau möglich. Gesät werden in Reinsaat 30–35 kg/ha, oder entsprechend reduziert im Gemenge mit 5–10 kg/ha Welschem Weidelgras.
Der Aufwuchs ist bei geringen Temperaturen verzögert, was zu einer Bevorzugung der Beikräuter führen kann. Ein Schröpfschnitt fördert wiederum die Bestockung. Die Standfestigkeit ist eher gering.

4.2.1.2 Hornklee (Hornschotenklee)

Der Hornklee resp. Hornschotenklee *(Lotus corniculatus)* stammt aus dem Mittelmeergebiet. Er ist relativ anspruchslos, winterhart, frost- und trockenresistent und kann als tiefwurzelnde und ausdauernde Art auch auf weniger luzernefähigen, mäßig sauren und kiesigen Böden bei ausreichendem Kalkgehalt überdauern, selbst auf Moorböden und flachgründigen Böden. Beste Wüchsigkeit zeigt er bei pH-Werten um 6,5. Die Pfahlwurzel ist schnell wachsend und tiefgehend, im Krumenbereich breiten sich mittelstarke Seitenwurzeln aus.
Die Einsaat erfolgt in Sommergetreide oder Winterroggen etwa Ende März. Die Reinsaatmenge für Gründüngungen beträgt 10–18 kg/ha, in Gemengen werden 12 kg/ha Hornklee, 4 bis 6 kg/ha Wiesenlieschgras sowie Schweden- und Weißklee, je nach Nutzungsziel ergänzt (Simon 1960b). Blanksaaten im Frühjahr sind nur auf Flächen mit einem geringen Beikrautdruck zu empfehlen. Im Vergleich zu Luzerne, Weißem Steinklee, Schwedenklee oder Wundklee ist der Hornklee deutlich ertragsschwächer. Durch massenwüchsige Arten und häufige Nutzungen wird der Hornklee verdrängt. In Gemengen mit geringen Anteilen ist der Hornklee aufgrund seiner Konkurrenzschwäche und seinem langsamen Wachstum von geringer Bedeutung. Intensive Beweidung und mehr als zwei Schnitte wirken schädigend. In Reinbeständen neigt er zur Lagerung (Götz und Konrad 1978). Der bittere Geschmack schränkt den Frischfuttereinsatz aus Reinbeständen ein, als Heu oder im Gemenge mit Weißklee ist er verträglich. Er eignet sich für langlebige Kleegrasbestände mit zwei Schnitten und einer Nachbeweidung oder zur Beweidung im Gemenge mit Weißklee.

4.2.1.3 Perserklee

Der Perserklee *(Trifolium resupinatum)* ist eine einjährige Leguminose, die im Mittelmeergebiet überwintern kann. Ebenso wie der Alexandrinerklee ist er im östlichen Mittelmeerraum beheimatet. Der Perserklee hat etwas geringere Ansprüche an den Boden als der Alexandrinerklee. Ebenso wie der Alexandrinerklee verträgt er keine sandigen, nassen oder kalten Böden. Er ist aber anpassungsfähiger und verträgt leichte Fröste besser als der Alexandrinerklee. Besonders bei mehrschnittigen Sorten ist er auf eine sehr gute Wasserversorgung und auf

warmes Klima angewiesen. Der Perserklee schützt die Bodenstruktur durch seinen buschigen Wuchs selbst noch nach dem Abfrieren. Er wird im Frühjahr oder Frühsommer angebaut, kann aber auch noch als Zwischenfrucht eingesät werden.
Der Perserklee wird sehr gerne von den Rindern aufgenommen, da er eiweißreich und saftig ist und die Blattanteile hoch sind. Die alleinige Fütterung kann jedoch Blähungen hervorrufen. Er hat einen niedrigen Rohfasergehalt, hingegen hohe Energie-, Eiweiß-, Phosphor- und Kaligehalte. Der Perserklee erreicht ca. 45 % seines Gesamtertrages beim 1. Schnitt, ca. 35 % beim 2. Schnitt und ca. 20 % beim dritten (Sneyd 1995).

4.2.1.4 Serradella (Krallenklee)

Serradella *(Ornithopus sativus)* stammt aus dem ozeanischen Bereich entlang der atlantischen Küste Portugals, Spaniens und Nordafrikas. Serradella wird auf leichten bis mittleren, auch moorigen, schwach sauren, eher kalkarmen, humosen, staunässefreien Sandböden im Haupt- und Zwischenfruchtanbau eingesetzt. Stark saure Böden müssen allerdings aufgekalkt werden. Angepasst an die Sommertrockenheit entwickelt Serradella ihr Hauptwachstum im feuchteren, kühlen und sonnenärmeren Spätsommer und Herbst. Insofern ist die Pflanze gut als Zwischenfrucht geeignet. Der Wärmeanspruch der krautigen, einjährigen Kultur ist eher gering. Sie wächst noch bei +1 °C, bei -8 °C stirbt sie ab. Die Niederschläge sollen über 550 mm betragen. Die Pflanze ist niedrig wachsend und mit einem starken Wurzelwerk versehen.
Die Saat wird auf 1,5–2,5 cm tief abgelegt. Eine Keimprüfung des Saatguts ist zu empfehlen. Geeignete Ansaatmischungen sind 30–35 kg/ha Serradella mit 10 kg/ha Einjährigem Weidelgras bei frühzeitiger Aussaat im Frühjahr (1. Schnitt und eine Beweidung; Aussaaten bis Mai), bei Silage- und Heunutzung 15–20 kg/ha Serradella mit 15–20 kg/ha Einjährigem Weidelgras (1–2 Nutzungen, je nach Wasserangebot), bei Breitsaat ist auf 50 kg/ha zu erhöhen (Simon 1993). Im Hauptfruchtanbau werden Gelbe Lupinen als Stützfrucht ergänzt. Als Zwischenfrucht für die Beweidung ab ca. Mitte September bis November wird Serradella mit 35–45 kg/ha bis Anfang August ausgesät, bei Schnittnut-

Serradella

Gelber Steinklee

Weißer Steinklee

Wundklee

Esparsette

Gelbklee

Inkarnatklee

Schwedenklee

zungen wird die Aussaatmenge zugunsten Einjährigem Weidelgras reduziert. In Stoppelfruchtgemengen können Sonnenblumen (30 kg/ha), Phacelia (12 kg/ha), Senf (18 kg/ha), aber auch Lupinen (120 kg/ha) und andere Körnerleguminosen ergänzt werden. Als Untersaat wird Serradella in Reinsaat oder im Gemenge mit Weiß-, Schweden- und Rotklee unter Winterroggen gesät. Für die Saatgutgewinnung wird eine Untersaat bevorzugt, welche bereits im Februar gesät wird. Der Aufwuchs eignet sich als Grünfutter oder mit Gräseranteilen auch zur Silage- und Heunutzung sowohl in der Rinder- als auch Schweinehaltung. Da Serradella sehr einweißreich ist, sind stärkereiche Futtermittel in der Fütterung zu ergänzen. Serradella ist empfindlich gegen flachen Schnitt und frühzeitige Beweidung. Untersaaten dürfen bei der Deckfruchternte nicht geköpft werden. Lückige Bestände neigen zur Verqueckung und sind deshalb umzubrechen. Eine Weidenutzung nach der Schnittnutzung ist möglich. Heuwerbung ist schwierig, da Serradella leicht lagert, langsam trocknet und stark bröckelt. Der Samenertrag erreicht bis zu 10 dt/ha. Ein Überdauern der Serradella bei milden Wintern kommt kaum vor, der Wiederaustrieb ist gering.
In der Fruchtfolge gilt Serradella als selbstverträglich. Bei Auftreten von Stängelbrenner *(Colletotrichum trifolii)* ist eine Anbaupause von drei Jahren einzulegen. Eine zunehmende Leistung ist bei mehrmaligem Anbau zu beobachten, was vermutlich auf die erst dann vorhandenen Knöllchenbakterien im Boden zurückzuführen ist. Rotklee, Wicken und Erbsen und anderen Leguminosen vertragen Serradella nicht als Vorfrucht. Serradella als Zwischenfrucht wirkt positiv auf nachfolgende Körnerleguminosen. Nachfrüchte sind insbesondere Kartoffeln, aber auch Mais oder Getreide.

4.2.1.5 Steinklee

Der Steinklee wird nach zwei Arten unterschieden:

- **Weißer Steinklee** oder **Bokharaklee** *(Melilotus alba)*
- **Gelber Steinklee** oder **Echter Steinklee, Honigklee** *(Melilotus officinalis)*

Die kumarinhaltige Art des Weißen Steinklees stammt ursprünglich aus Kleinasien und wird erst seit ca. 90 Jahren züchterisch bearbeitet. Hauptanbaugebiete sind die USA, Argentinien, Indien und Kenia. Durch die Züchtung von kumarinarmen Sorten konnte der Weiße Steinklee sich erst in jüngster Zeit stärker verbreiten. Steinklee kann zwei- bis dreijährig genutzt werden. Im Anbau verhält sich diese Art ähnlich der Luzerne, ist jedoch weniger winterfest und neigt im zweiten Jahr zur Ausdünnung. Meist wird der Weiße Steinklee als Gründüngung oder Bienenweide verwendet.

Die Pflanze wird bis zu zwei Meter hoch. Der Stängel verholzt frühzeitig, die weißen Blüten entspringen aus den Blattachseln. Die tiefreichende Pfahlwurzel, die sogar Bodenbröckel aufsprengen kann, verzweigt sich in dicke Seitenwurzeln. Die Feinwurzeln befinden sich v. a. in der oberen Bodenschicht bis 15 cm Tiefe. Durch seinen hohen Kumaringehalt, der bisher kaum züchterisch reduziert werden konnte, eignet sich der Gelbe Steinklee kaum als Viehfutter, weshalb er in Mitteleuropa nur kleinflächig kultiviert wird, dagegen stärker in Ländern wie z.B. Kanada, USA, Russland und China. Das Kumarin in den Blättern wird schon lange als wirksame Substanz (Heil- und Gewürzmittel) eingesetzt.

Der Steinklee ist eine ausgesprochene Pionierart. Er kommt auf sandigen, tonigen, kiesigen und steinigen Böden vor. Durch seine starke Pfahlwurzel kann er verdichtete Bodenschichten durchdringen und trockene Perioden überdauern. Zu saure und staunasse Böden sind allerdings ungeeignet. Der Steinklee ist kältefest, durch sehr kalte Winter kann die Vitalität jedoch beeinträchtigt werden. Der pH-Wert sollte im neutralen bis basischen Bereich bei mindestens 6,8 liegen. Eine Impfung mit Rhizobien ist beim erstmaligen Anbau zu empfehlen. Die bevorzugte Keimtemperatur liegt bei ca. 8–10 °C.

Der Steinklee hat ein durchschnittliches Tausendkorngewicht von 1,8–2,3 g. Im ersten Jahr setzt eine intensive Nährstoffspeicherung ein, die durch späteren Schnitt zunimmt. Im Folgejahr treibt die Pflanze aus der Wurzelkrone, später gehen aus den Stängeln zahlreiche Triebe hervor. Die Erträge liegen zwischen 50–100 dt/ha TM und Jahr. Der Rohproteinertrag erreicht etwa 12 dt/ha (18–22 % der Trockenmasse) (Sneyd 1995). Der Rohfasergehalt ist relativ hoch und kann nur durch eine Schnittnutzung im Vorknospenstadium reduziert werden. Der Stängel verholzt frühzeitig, die Blattmasse ist eher gering, die Energiedichte liegt unter derjenigen der Luzerne.

Da der Kumaringehalt des Weißen Steinklees mit zunehmendem Trockenmassegehalt abnimmt, wird er bevorzugt in getrockneter Form als älteres Heu vom Rindvieh aufgenommen. Die Blätter enthalten die höchste Menge an Kumarin und sollten daher nach der Knospenbildung nicht mehr grün verfüttert werden (außer bei kumarinfreien Sorten). Der junge Steinklee enthält dagegen nur sehr wenig Kumarin.

4.2.1.6 Wundklee (Tannenklee)

Der Wundklee *(Anthyllis vulneraria L.)* gilt als Pionierpflanze auf extensiven Standorten. Er stammt aus dem pontisch-mediterranen Raum (Simon 1960b). Seine Bedeutung im Anbau ist heute gering. Er ist auf ertragsschwachen, flachgründigen und mageren, jedoch nicht sauren Standorten mit geringen Niederschlägen zu Hause, aber auch in Höhenlagen. Der pH-Wert soll nicht unter 6 liegen. Wundklee dient der Erosionsbekämpfung und als Heilpflanze (Buchgraber et al. 1997). Die Pfahlwurzel ist kräftig und mit zahlreichen Seitenwurzeln und reichem Knöllchenbakterienbesatz versehen.
Wundklee wird entweder als Untersaat im Frühjahr in die Sommerungen eingesät oder in den Winterroggen. Die Saatmenge beträgt bei Reinsaat 20 bis 30 kg/ha. Entwickelt sich die Deckfrucht üppig, so ist das Getreide hoch zu schneiden, da der Wundklee empfindlich auf Köpfen reagiert. Blanksaaten ab Ende März oder im September (auch als Untersaat in den Roggen) sind weniger üblich. Auf sandigen Böden steht er z. B. mit Schafschwingel oder Wehrloser Trespe im Gemenge. Auf trockenen Standorten werden in Rotkleegemengen zur Stärkung des ersten Schnitts bis zu 30 % Wundklee beigemischt (Simon 1960b). Der Wundklee kann ein-, zwei- oder dreijährig angebaut werden, gilt als weitgehend selbstverträglich und wird nach einer kurzen Pause von zwei bis drei Jahren ohne Nachteile wieder angebaut. Der Vorfruchtwert wird als hoch angegeben. Das Anfangswachstum ist langsam, die Entwicklung nach Ernte der Deckfrucht zögerlich.
Im Jahr sind ein Schnitt und eine Weide möglich. Schnitt in Vollblüte kann Erträge bis zu 75 dt/ha TM bringen. Der Samenertrag erreicht ca. 7 dt/ha. Die Blätter fallen leicht ab, die Stängel sind sperrig, dünnstängelig und trocknen

rasch ab. Gerbsäureanteile vermindern die Bekömmlichkeit für die Tiere, weshalb ihr Anteil in der Fütterung begrenzt ist.

4.2.2 Mittlere bis feuchte Lagen

4.2.2.1 Esparsette (Eselswicke)

Die Esparsette *(Onobrychis viciaefolia)* ist eine mehrjährige Leguminose. Die Esparsette stammt aus Kleinasien und kam wahrscheinlich vor rund 400 Jahren nach Mitteleuropa (Simon 1960b). Durch ihre Vorliebe für warme und trockene Gebiete wird sie v. a. im südlichen Europa, im südlichen Russland, Amerika, Afrika und Australien kultiviert. Sie gilt als die langlebigste Futterleguminose und Wegbereiterin der Luzerne.

Die Esparsette wird überwiegend für die Erschließung von steinigen, flachgründigen Kalkböden verwendet. Die Esparsette liebt kalkhältige, lehmige Böden. Der pH-Wert sollte über 6 liegen. Die Esparsette ist extrem trockenresistent und darin der Luzerne mindestens ebenbürtig, wenn nicht sogar überlegen. Diese Eigenschaft ist auf ihr tiefes Wurzelsystem zurückzuführen. Die Pfahlwurzel, die sich relativ stark verzweigt, erreicht Tiefen von bis zu 4 m. Sie liebt warme Klimabereiche, kann aber auch kältere Perioden überdauern und ist von daher bescheidener in den Ansprüchen als die Luzerne. Unter feuchten Bedingungen nimmt die Vergrasung überhand.

Es gibt einschürige und mehrschürige Esparsetten. Auf kargen Standorten produzieren die einschürigen Esparsetten mehr Ertrag als die zweischürigen. Sie kann bis zu 6 Jahre genutzt werden, während die mehrschürige nach 2–3 Jahren umgebrochen werden muss. Die einschürige Esparsette blüht im Ansaatjahr nicht, sondern erst im Folgejahr. Nach dem Schnitt entwickelt sie nur noch Blattmasse, aber kaum weitere Triebe. Im Ansaatjahr wird vorsichtig beweidet, in den Folgejahren der 1. Schnitt bei Vollblüte genommen und danach der eher schwache Nachwuchs abgehütet. Die mehrschürige Esparsette blüht bereits im Ansaatjahr und bildet nach dem ersten Schnitt einen kräftigeren Nachwuchs aus. In der Blüte ist die Esparsette eine ideale Bienenweide.

Beste Vorfrüchte sind Hackfrüchte (Klapp 1958). Aufgrund der geringen Selbstverträglichkeit ist sie bei langjähriger Nutzung in einer eigenen Rotation anzubauen. Die Esparsette verbessert die Bodenstruktur und fördert die Bodenentwicklung für die nachfolgenden Kulturarten. Sie eignet sich hervorragend zum Aufbau der Bodenfruchtbarkeit auf Grenzertragsböden.

Die Esparsette erreicht im Blütenstadium einen Energiegehalt von 6,0 MJ NEL/kg TM (Keller et al. 1999). Der Futterwert ist sehr hoch. Das Tausendkorngewicht beträgt im Mittel 20–25 g. Der Trockenmasseertrag des 1. Schnittes beträgt 30–60 dt/ha (200–270 dt/ha Grünmasse). Bei mehrschnittigen Sorten und günstigen Bedingungen können bis zu 500 dt/ha Grünmasseerträge geerntet werden (Sneyd 1995).

Esparsette wird durch den Kleekrebs, den Echten Mehltau, den Stock- und Stängelälchen, den Kleezystenälchen und den Blattrandkäfer im Wachstum beeinträchtigt.

4.2.2.2 Gelbklee (Hopfenklee)

Der winterharte Gelbklee *(Medicago lupulina),* auch Hopfenklee genannt, zählt zu den Luzernearten. Die Abstammung ist europäisch. Die Ansprüche an den Standort sind gering, er ist trockenheitsverträglich, bevorzugt kalkige Standorte und kann auch auf sandigen Standorten angebaut werden, ebenso wie in mäßig trockenen Lagen auf schweren oder flachgründigen Böden. Saure und nasse Böden sind zu vermeiden. Die Pfahlwurzel ist dünn mit geringem Tiefgang und starker Verzweigung und Bildung von Faserwurzeln. Die Pflanze ist horstbildend, mit Stängeln, die am Wurzelhals ansetzen.

Gelbklee ist anfangs schnellwüchsig, jedoch konkurrenzschwach. Er wird in kurzlebigen Kleegrasbeständen in Untersaaten und als Zwischenfrucht eingesetzt. Mit Ausnahme der Nutzung als Schaf- oder Jungviehweide, eignet sich der Gelbklee als Reinbestand kaum zur Fütterung. Die Nutzung als Gründüngung steht deshalb im Vordergrund. Die Reinsaatmenge beträgt 15–25 kg/ha. Meist wird im Gemenge mit anderen Kleearten ausgesät, welche die sonst kriechenden Stängel „hochziehen". In diesen Gemengen dient er als Lückenfüller. Als Reinsaat gesät wird nicht vor April, da der Gelbklee frostempfindlicher als andere Kleearten ist, in trockenen Lagen mit dem Sommergetreide oder bereits als Herbstuntersaat, in feuchten Lagen nach Aufgang des Sommergetreides. Mischungspartner sind auf besseren Standorten Rot- und Schwedenklee, auf leichteren Standorten Weißklee und Serradella, jeweils ergänzt mit Weidelgras. Die zweite Nutzung fällt im Ertrag stark ab, weshalb die Nutzungsdauer nicht über 1,5 Jahre hinausgeht. Im Gemenge ist eine Nachweide möglich. Eine Nutzung im Folgejahr zur Saatguterzeugung ist möglich. Gelbklee verträgt einen Anbau alle 3 bis 5 Jahre.

4.2.2.3 Inkarnatklee (Blutklee)

Der Inkarnatklee *(Trifolium incarnatum)* ist im Mittelmeerraum beheimatet und hat sich von dort nach Nord- und Osteuropa ausgebreitet (Lütke Entrup und Oehmichen 2000). Der Inkarnatklee bevorzugt leichte bis mittlere, kalkhaltige Böden, milde Winter mit kurzer Schneedecke und Lagen mit geringer Frostgefahr, dagegen keine sauren, schweren, nassen, moorigen oder armen Sandböden.

Die Pflanze ist schnellwüchsig, winterhart und wird überjährig angebaut. Gesät werden bei einem Abstand von 12–20 cm zwischen 24–36 kg/ha oder als Breitsaat 40–45 kg/ha. Das Saatgut muss flach abgelegt werden, Anwalzen und Eggen fördern den Aufgang.

Der Inkarnatklee wird im Winterzwischenfruchtbau im Landsberger Gemenge angebaut. Zur Untersaat ist der Inkarnatklee nicht geeignet. Er wird rasch überständig. Frühjahrsansaaten bestocken sich nicht und liefern nur geringe Erträge. Die Grünfütterung beginnt mit der Rotfärbung der Knospen, etwa eine Woche vor dem Rotklee (Klapp 1958), die Nutzung für Heu ist bis zur Vollblüte üblich, danach verholzt die Pflanze. Für die Silagenutzung ist der Inkarnatklee weniger geeignet. Bei frühzeitiger Stoppelsaat nach früh räumendem Getreide ist ein Herbstschnitt möglich. Der Hauptschnitt ist im Frühjahr ab ca. Mitte Mai, der Nachwuchs ist spärlich. Nachfrüchte sind in den Futterbaubetrieben z. B. Mais, aber auch Kartoffeln oder ein weiteres Futtergemenge.

Die Anfälligkeit gegenüber Kleekrebs ist hoch. Frühe Saaten und üppige Herbstentwicklungen fördern den Befall. Neben dem Abstand nach sich selbst und zu

Rotklee von 5 bis 7 Jahren wirken intensives Abweiden und ein nicht zu tiefes Abmähen sowie der Einsatz einer schweren Walze vorbeugend (Klapp 1958). Auch Mehltau tritt verstärkt auf.

4.2.2.4 Schwedenklee (Bastardklee)

Der Schwedenklee *(Trifolium hybridum L.)*, auch Bastardklee genannt, ist aufrechtwachsend, in der Wuchsform buschig, mit einer Wuchshöhe von 40–60 cm. In See- und Gebirgsklimaregionen (bis auf 2000 m) ist er wegen der geringeren Nässe- und Winterempfindlichkeit dem Rotklee überlegen, da schneereiche Winter sowie Spät- und Frühfroste überstanden werden. Bevorzugte Standorte sind feuchte, nährstoffreiche und tiefgründige Auen- und schwere, nasse Tonböden, kultivierte Moore, aber auch sehr flachgründige Standorte. Die kräftige Pfahlwurzel wird ergänzt durch eine reiche, flach verlaufende Nebenbewurzelung in der Krume (bis zu 25 dt/ha im 2. Jahr) (Diepenbrock et al. 1999).
Schwedenklee kann zwei- bis dreijährig angebaut werden und zeichnet sich durch eine hohe Winterfestigkeit und Verträglichkeit gegenüber Staunässe aus. Schwedenklee ist weitgehend selbstverträglich.
Die Anbauverfahren entsprechen denjenigen des Rotklees. Gesät werden 8–16 kg/ha, meist als Mischung mit anderen Leguminosen in einer Untersaat als untergeordneter Partner. Die Reinsaat als Untersaat kann bereits Ende Februar in Wintergetreidebestände erfolgen. Die Entwicklung im Frühjahr ist allerdings langsamer und der Ertrag um ca. 20 % geringer.
Der Hauptertrag wird über den ersten Aufwuchs erreicht. Die aufrechten hohlen Stängel neigen zum Lagern (Klapp 1958). Daher sind Gemengesaaten vorzuziehen. Der zweite Aufwuchs ist deutlich schwächer, meist wird dieser als Weide genutzt. Wegen den für die Tiere schwer verträglichen Bitterstoffanteilen sind Gemenge in jedem Fall zu bevorzugen. Reinsaaten sind an Pferde nicht zu verfüttern.
Schwedenklee zeigt eine geringe Anfälligkeit gegenüber Kleekrebs und einen geringen Befall durch Blattrandkäfer. Mehltaubefallenes Futter wirkt für die Tiere gesundheitsschädigend. Zur Auflockerung von Rotkleefruchtfolgen kann der Schwedenklee zusammen mit dem Weißklee eingesetzt werden.

5 Literatur

- Rauber, R. und Hof, C. (2003): Anbau von Gemengen im ökologischen Landbau. Institut für Pflanzenbau und Pflanzenzüchtung, Göttingen. Herausgeber: Geschäftsstelle Bundesprogramm Ökologischer Landbau in der Bundesanstalt für Landwirtschaft und Ernährung (BLE).
- Breunig, W., Märtin, B., Wojahn, E. (1988): Futterproduktion. 2. Auflage, VEB Deutscher Landwirtschaftsverlag, Berlin, 387 S.
- Buchgraber, K., Frühwirth, P., Köppl, P., Krautzer, B. (1997): Produktionsnischen im Pflanzenbau – Ginseng, Kümmel, Hanf & Co. Leopold Stocker Verlag, Graz, 136 S.
- Diepenbrock, W., Fischbeck, G., Heyland, K.-U., Knauer, N. (1999): Spezieller Pflanzenbau. 3. Auflage. Verlag Eugen Ulmer, Stuttgart, 523 S.
- Fischbeck, G., Heyland, K.-U. und Knauer, N. (1982): Spezieller Pflanzenbau. 2. Auflage. Verlag Eugen Ulmer, Stuttgart, 394 S.
- Frame, J., Charlton, J.F.L. und Laidlaw A.S. (1998): Temperate forage legumes. CAB International, Oxon, UK und New York, USA.
- Freyer, B. (2003): Fruchtfolgen – konventionell – integriert - biologisch, Verlag Eugen Ulmer, Stuttgart, 230 S.
- Götz, A. und Konrad, J. (1978): Pflanzenbau. 5. Auflage. Verlag Eugen Ulmer, Stuttgart, 430 S.
- Herrmann G. und Plakolm G. (1993): Ökologischer Landbau – Grundwissen für die Praxis. 2. Auflage, Österreichischer Agrarverlag, Wien, 428 S.

- Heß, J., Piorr, A. und Schmidtke, K. (1992): Grundwasserschonende Landbewirtschaftung durch Ökologischen Landbau. Dortmunder Beiträge zur Wasserforschung Nr. 45.
- Kahnt, G. (1986): Biologischer Pflanzenbau – Möglichkeiten und Grenzen biologischer Anbausysteme. Verlag Eugen Ulmer, Stuttgart, 228 S.
- Keller, E. R., Hanus, H., Heyland, K. U. (1999): Handbuch des Pflanzenbaues, Band 3. Knollen- und Wurzelfrüchte, Körner- und Futterleguminosen. Kap. II, Verlag Eugen Ulmer, Stuttgart, S. 852
- Klapp, E. (1958): Lehrbuch des Acker- und Pflanzenbaues. 5. Auflage. Verlag Paul Parey, Berlin und Hamburg, 503 S.
- Kutschera, L. (1960): Wurzelatlas mitteleuropäischer Ackerunkräuter und Kulturpflanzen. DLG-Verlags-GmbH, Frankfurt am Main, 574 S.
- Kutschera, L. und Lichtenegger, E. (1992): Wurzelatlas mitteleuropäischer Grünlandpflanzen. Band 2, Teil 1, Gustav Fischer Verlag, Stuttgart, 851 S.
- Loges R. und Heuwinkel, H. (2004): Mulchen oder Schnittnutzung von Kleegras – Auswirk-ung der Bewirtschaftung von Kleegrasbeständen auf den N-Haushalt von Fruchtfolgen. In: Viehloser Öko-Ackerbau – Beiträge, Beispiele, Kommentare. Hrsg.: Schmidt Harald, Bundesprogramm Ökologischer Landbau: 21–25.
- Lütke Entrup, N. und Oehmichen, J. (2000): Lehrbuch des Pflanzenbaus. Band 2: Kulturpflanzen. Verlag Th. Mann, Gelsenkirchen, 856 S.
- Oehmichen, J. (1986): Pflanzenproduktion. Band 2: Produktionstechnik, Verlag Paul Parey, Berlin und Hamburg, 607 S.
- Preuschen, G. (1983): Gründüngung aber wie? Fruchtfolgen. SÖL Sonderausgabe Nr. 9, 47 S.
- Simon, W. (1960a): Luzerne, Klee und Kleegras. 2. Auflage, VEB Deutscher Landwirtschaftsverlag, Berlin, S. 411.
- Simon, W. (1960b): Sandige Ackerböden – Bodenkunde, Pflanzenbau, Ökonomie. VEB Landwirtschaftsverlag, 580 S.
- Simon, W. (1993): Grundfutter für Qualitätsmilch – Produktion und Einsatz – Ökologisierung der Futterwirtschaft. Eigenverlag.
- Sneyd, J. (1995): Alternative Nutzpflanzen. Verlag Eugen Ulmer, Stuttgart, 143 S.

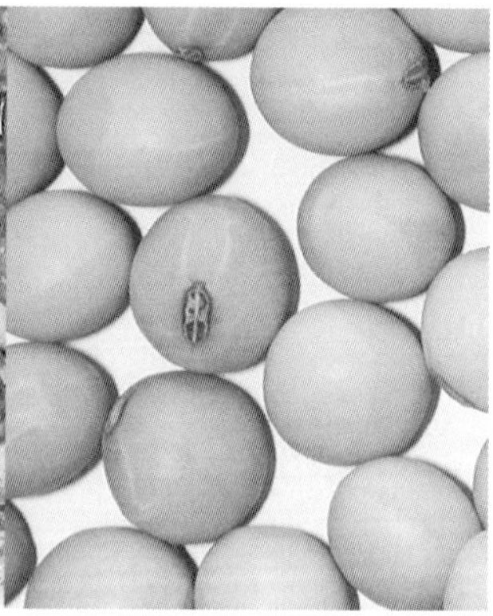

B

Körner-leguminosen

6
Standortansprüche und Fruchtfolge

6.1 Boden- und Klimaansprüche im Vergleich

Mit Ausnahme der eher selten angebauten Winterackerbohne sowie dem Winteranbau von Lupinen oder Erbsen in milden Klimazonen zählen die Körnerleguminosen zu den Sommerungen.

Die Frühjahrsaussaat erlaubt in der Regel bei frühräumenden Vorfrüchten eine vorausgehende Zwischenfrucht.

Eine nachfolgende Zwischenfrucht ist bei Erbsen und Linsen immer möglich, bei Lupinen und Ackerbohnen bei günstiger Witterung und vor allem nachfolgender Sommerung noch möglich, bei Soja dagegen ausgeschlossen (Tabelle 23).

Die unterschiedlichen Ansprüche an den Standort ermöglichen praktisch für jede Region und alle Bedingungen den Anbau von mehreren Körnerleguminosenarten (Tabelle 24).

TAB. 23: *Anbauperiode von Körnerleguminosen*

Körner-leguminosenart	Aussaattermin	Erntetermin	Mittlere Anbauperiode in Tagen
Sommerackerbohne	Ende Feb./Mitte März	August/September	180
Winterackerbohne	Mitte Sept./Mitte Okt.	August	320
Körnererbse	Ende Feb./Mitte April	Juli	130
Grünfuttererbse	Ende Feb./Mitte April	Juli	130
Wintererbse	Ende September	Juni/Juli	290
Linse	Ende März/Ende April	Juli	100
Lupine	Anfang März/Anfang April	August/September	160
Platterbse	Ende März/Ende April	Juli/August	130
Saatwicke	Mitte April	August	130
Sojabohne	Mitte April/Mitte Mai	Oktober	170
Zottelwicke	Anfang September	Juli/August	330

Quelle: nach mehreren Autoren

TAB. 24: *Standortsspezifische Anforderungen der Körnerleguminosen*

Körner-leguminosenart	pH-Wert von ... bis	Boden-eigenschaften	Klima	Niederschlag in mm
Sommerackerbohne	6,5–7,3	mittelschwer–schwer	kühl–mild	> 650
Winterackerbohne	6,9–7,3	mittelschwer–schwer	mild	> 600
Erbse	6,2–7,0	leicht–mittelschwer	mild	> 500
Linse	7,0–7,5	leicht	mild	> 500
Blaue Lupine	5,5–6,0	leicht–mittelschwer	kühl–mild	> 500
Gelbe Lupine	4,5–5,5	leicht	Mild	> 450
Weiße Lupine	5,5–6,5	mittelschwer–schwer	mild	> 500
Platterbse	6,5–7,5	mittelschwer	mild	> 450
Saatwicke	5,5–6,5	leicht–mittelschwer	mild	> 500
Sojabohne	6,5–7,0	mittelschwer	mild	> 500
Zottelwicke	6,5–7,0	leicht–mittelschwer	mild	> 450

Quelle: Aufhammer (1998), Schmiechen (2004) und andere Autoren

6.2 Vorfruchtwert und Stellung in der Fruchtfolge

Erbsen verfügen über ein breites Spektrum an geeigneten Vorfrüchten. Dazu zählen alle Getreidearten, Mais, Zuckerrüben und Kartoffeln, wobei Kulturarten, welche einen vorausgehenden Zwischenfruchtanbau ermöglichen, höher zu bewerten sind. Lein als Vorfrucht hemmt die Erbsenentwicklung. Die Schläge müssen möglichst frei von Quecken und anderen Beikräutern sein. Die Beikrautunterdrückungsleistung der Getreidevorfrüchte nimmt in der Reihenfolge Winterroggen – Wintertriticale – Winterweizen – Wintergerste ab.

Als günstig erweist sich auch die Tiefendurchwurzelung des Roggens. Wenn Bodenverdichtungen über Erntemaschinen vermieden werden, sind hohe Erbsenerträge nach Zuckerrüben und Kartoffeln möglich, da diese bei vorausgehender Hackarbeit in den Hackfrüchten ein beikrautfreies Feld hinterlassen. Alle Körnerleguminosen sind als Vorfrüchte nicht geeignet, da eine Unverträglichkeit der Arten untereinander besteht.

Die Vorfruchtwirkung von Erbsen besteht in der Verbesserung der Bodenstruktur und dem hohen P-Aufschließungsvermögen, das etwa zweimal so groß wie das von Gerste und dreimal so groß wie das von Hafer ist. Durch den frühen Erntetermin eignen sich Erbsen besonders gut als Vorfrucht für Winterweizen, Wintergerste, Winterroggen, aber auch für Mais (jeweils soweit möglich mit Zwischenfruchtanbau) (Tabelle 25). Diese Früchte können den aus Ernterückständen mineralisierten Stickstoff am besten aufnehmen. Winterungen können den Vorfruchtwert überwiegend besser umsetzen als Sommerungen und sollten deshalb bevorzugt werden. Auf Zuckerrüben wirkt die Erbse als Vorfrucht ebenso günstig, da sie zum einen die Stickstoffversorgung und die Bodenstruktur aufbessert und zum anderen eine Reduktion von Nematodenzysten bewirken kann. Die Ausfallerbsen können als Zwischenfrucht genutzt werden, ergänzt mit Wicke, Phacelia, Senf, Buchweizen und anderen Arten.

TAB. 25: *Vorfruchteignung von Körnerleguminosen im Biologischen Landbau*

Nachfrucht

Vorfrucht	Erbse	Ackerbohne	Lupine, Wicke	Sojabohne	Linse	Klee	Raps	W-Roggen	W-Weizen	W-Gerste	S-Gerste	Hafer	Mais	Kartoffel	Futter/Zuckerrüben
Erbse	-	-	-	-	-	-	+++	+++	+++	+++	+	+	+++	++	++
Ackerbohne	-	-	-	-	-	-	+	++	+++	++	++	++	++	+	+
Lupine	-	-	-	-	-	-	++	+++	+++	++	++	++	+++	++	++
Wicke	-	-	-	-	-	-	+	+++	+++	++	+	++	+++	++	++
Sojabohne	-	-	-	+	-	-	-	+	++	+	+	+	+	+	+
Linse	-	-	-	-	-	-	+++	+++	+++	+++	++	++	+++	++	++
Platterbse	-	-	-	-	-	-	+++	+++	+++	++	++	++	+++	+++	+++

Quelle: nach mehreren Autoren

+++ = sehr günstig, ++ = günstig, + = möglich, - = ungünstig/nicht zweckmäßig;
immer, soweit möglich, unter Einschaltung einer Zwischenfrucht;
Wicke, Platterbse = selbstverträglich (Kap. 6.5)

Die Ackerbohne hat eher geringe Ansprüche an die Fruchtfolge, ihr Vorfruchtwert ist dagegen sehr hoch. Die Ackerbohne gilt durch ihre Stickstoffrückstände und Förderung der Bodengare als gute Vorfrucht vor Winterweizen und Futtersommergerste in Kombination mit einer Zwischenfrucht. Da die Ackerbohnenernte nicht immer rechtzeitig erfolgen kann, ist Wintergerstenanbau nicht immer möglich (Freyer 2003). Nicht geeignete Vorfrüchte sind Roggen und Hafer, da die Gefahr der Nematodenübertragung besteht. Beim Anbau von Ackerbohnen ist eine Anbaupause von mindestens vier Jahren einzuhalten, um die Verschleppung von samen- und bodenbürtigen Schaderregern zu vermeiden.

Die Lupine ist bezüglich der Vorfrüchte anspruchslos. Sie besitzt ein ausgeprägtes Nährstoffaneignungsvermögen (vor allem für Phosphor) und einen hohen Vorfruchtwert. Als Nachfrucht eignen sich primär Winterweizen oder Winterroggen auf den leichten Böden. Bei den Sommerungen reagieren die Starkzehrer Mais und Kartoffeln sowie alle Getreidearten positiv auf Lupine als Vorfrucht.

Die Sojabohne zählt ebenso zu den günstigen Vorfrüchten in Getreidefruchtfolgen. Der Vorfruchtwert nimmt im biologischen Landbau dann ab, wenn bei schwacher Frühjahrsentwicklung oder kühler Witterung der Beikrautdruck überhand nimmt. Die Sojabohne ist begrenzt selbstverträglich. Man kann das ausnutzen, indem man die Sojabohne als Zwischenfrucht und danach als Hauptfrucht anbaut. Hier erübrigt sich beim zweiten Anbau eine Bakterienimpfung, was sich kostensparend auswirkt. Danach sind Anbaupausen von 4–5 Jahren zu anfälligen Vorfrüchten (z. B. Raps, Sonnenblumen, andere Körnerleguminosen) sowie zu Sojabohnen selbst unbedingt einzuhalten.

Gute Vorfrüchte für Sojabohnen sind Getreide, Mais, Zuckerrüben und Kartoffeln. Da spätkeimende Beikräuter durch Wintergetreide stärker unterdrückt werden, sind Wintergetreidearten als Vorfrüchte für Sojabohnen den Sommerungen vorzuziehen. Ungünstige Vorfrüchte sind Raps und Sonnenblumen (Durchwuchsgefahr, Sklerotinia) und andere Körnerleguminosen (Fußkrankheiten). Wegen der späten Saat und Bodenbedeckung ist nach den meisten Vorfrüchten vor Sojabohne der Anbau einer Zwischenfrucht möglich. In der Zwischenfrucht wird Phacelia und Buchweizen einer Senfeinsaat vorgezogen. Bei rascher Abreife kann Buchweizen zum Beikraut werden.

Der Vorfruchtwert ist auch ein Ergebnis des Wurzeltyps (Tabelle 26). So übernehmen die unterschiedlichen Wurzeltypen unterschiedliche Aufgaben in der Belebung des Bodens. Insbesondere bei den Tiefwurzlern wie Lupine, Ackerbohne oder Sojabohne wird das Wachstum durch eine vorausgehende Tiefenlockerung positiv beeinflusst, die aber nur dann Sinn macht, wenn ein entsprechender Pflanzenwuchs zu erwarten ist.

TAB. 26: *Wurzeltypen ausgewählter Körnerleguminosen*

Körnerleguminosenart	Wurzeltyp	Durchwachsen von Bodenverdichtungen
Ackerbohne	Pfahlwurzel mit schwachem Längen- und Dickenwachstum; frühzeitiger Austrieb von Seitenwurzeln 1. Ordnung mit erheblichem Durchmesser und Längen ähnlich der Pfahlwurzel; weitere Verzweigungen höherer Ordnung; eher geringe Feinwurzelausbildung	mittel
Erbse	Weniger stark entwickelte Pfahlwurzel als Ackerbohne; Nebenwurzeln 1. Ordnung erreichen etwa gleiche Länge und Dicke wie die Hauptwurzel. Durchwurzelungstiefe: ca. 100 cm	mittel
Linse	Dünne Pfahlwurzel mit vielen seitlichen Faserwurzeln; Durchwurzelungstiefe: 150–200 cm.	mittel
Lupine	Dicke, kräftige Pfahlwurzel, Tiefendurchwurzelung (über 200 cm), später Austrieb der eher schwachen und kurzen Seitenwurzeln 1. Ordnung	hoch
Platterbse	Die Wurzel besteht aus einer Hauptwurzel mit kräftigen Nebenwurzeln; Durchwurzelungstiefe: ca. 80–150 cm	gering
Sojabohne	Tiefgehende Pfahlwurzel; zahlreiche Seitenwurzeln 1. und 2. Ordnung	mittel
Wicke	Deutlich erkennbare, aber schwache Hauptwurzel; zahlreiche, fein verzweigte Nebenwurzeln	gering

Quelle: nach Aufhammer (1998), Keller et al. (1999)

6.3 Erträge der Körnerleguminosen

Die Erträge der Körnerleguminosen variieren standort- und witterungsabhängig in einem breiten Spektrum (Tabelle 27). Die Ertragsschwankungen sind aber auch das Ergebnis der Qualität der Beikrautregulierung und damit der vorausgehenden Kultur- und Bodenbearbeitung. Aufgrund der langsamen Jugendentwicklung der Körnerleguminosen und der teilweise weiten Reihenabstände (Tabelle 34) ist die Verbeikrautungsgefahr besonders hoch. Ertragslimitierend wirken hohe Niederschläge, die zu einem verstärkten vegetativen Wachstum führen und die Samenbildung verzögern. Staunässe schränkt die Aktivität der Knöllchenbakterien ein, die Erbse zeigt Vergilbungserscheinungen. Anderseits können Wassermangelperioden während der Blühphase den Ertrag bis zu 50 % mindern.

TAB. 27: *Korn- und Stroherträge von Körnerleguminosen*

Körner-leguminosen-art	Kornertrag in dt TM/ha bei unterschiedlichen Bedingungen		Strohertrag in dt TM/ha	Korn : Stroh-verhältnis
	ungünstig	günstig	günstig	günstig
Ackerbohne	10	50	75	1:1,5
Körnererbse	10	40	40	1:1
Grünerbse	10	25	25	1:1
Grünfuttererbse	10	30	50	1:1,7
Linse	5	20	20	1:1
Platterbse	10	30	–	–
Weiße Lupine	15	40	68	1:1,7
Gelbe Lupine	15	25	–	–
Blaue Lupine	15	30	–	–
Sojabohne	10	35	49	1:1,4
Wicke	10	25	–	–

Quelle: Aufhammer (1998), Keller et al. (1999) und andere

Ackerbohne

Bei den Ackerbohnen sind die großkörnigen Sorten häufig den kleinkörnigen im Ertrag überlegen (Aufhammer 1998). Bei hohen Niederschlägen bilden die großkörnigen Sorten allerdings überwiegend Blatt- und Stängelmasse, bei gleichzeitig abnehmender Hülsenproduktion und zunehmender Lagergefahr.

Erbse

Der Blatttyp der Körnererbse ist im Ertrag nicht generell stärker als der halbblattlose Typ (Aufhammer 1998). Halbblatttypen benötigen jedoch aufgrund des geringeren Standraumbedarfs und der geringeren Leistung der Einzelpflanze eine höhere Saatmenge (+ 15–20 keimfähige Körner/m²) (Wiese 1990). Die kleinkörnigen Grünfuttererbsen sind vom Ertrag her limitiert, es verringert sich allerdings auch der Saatgutaufwand. Frühreife Sorten sind zwar ertragsschwächer, auf trockenen Standorten jedoch ertragssicherer (Aufhammer 1998). Hochwüchsige Arten sind zwar ertragsstark, neigen jedoch auf guten Böden zu Verzweigungen zu Lasten des Körnerertrags.

Lupinen

Von den drei Süßlupinenarten (siehe Kapitel 8.1.3.1) verzeichnet die Weiße Lupine die höchsten Kornerträge. Ertragslimitierend wirkt die Pilzkrankheit Anthraknose, gegenüber der nur die Blaue Lupine über eine höhere Toleranz verfügt. Demgegenüber ist das Ertragspotential der Blauen Lupine geringer als jenes der Weißen Lupine. Gelbe Lupinen weisen den höchsten Rohproteingehalt, jedoch den geringsten Kornertrag und eine geringere Toleranz gegenüber Anthraknose auf. Die Gelbe Lupine wird durch die Weiße und durch die Blaue Lupine in ihrer Bedeutung für den Anbau zurückgedrängt.

6.4 Zwischenfruchtanbau vor und nach den Körnerleguminosen

Zur Bodenbedeckung und da die N-Rückstände aus Körnerleguminosenwurzeln und -stroh in der Regel allein zu gering sind, um im nachfolgenden Weizen Rohproteingehalte von 12 % und mehr zu erreichen, ist – wann immer möglich – vor und nach den Körnerleguminosen (Ausnahme Sojabohne) ein Leguminosen/Nicht-Leguminosen/Zwischenfruchtgemenge anzubauen (Tabelle 42). Um das Auftreten von Schaderregern zu begrenzen, sind Körnerleguminosen im Zwischenfruchtanbau zu verwenden, welche nachfolgend nicht als Hauptfrucht angebaut werden.

Zwischenfrüchte fördern das Bodenleben, die Bodengare und die Bodenstruktur. Durch die gute Bodenbedeckung und vielfältige Durchwurzelung verhindern sie Nährstoffverluste durch Auswaschung und Erosion. Empfehlenswert sind Gemenge mit Tief- und Flachwurzlern. Zwischenfrüchte sollten schnell wachsend und Beikraut unterdrückend sein. Der Gemengeanbau von schnellwüchsigen, eher kleinkörnigen Sorten ist deshalb anzustreben, mit entsprechend erhöhten Saatmengen. Die Saatmischungen sind an den Saattermin anzupassen (Tabelle 28, Tabelle 29). Der Erntetermin der Vorfrucht sowie die Einsaat der Folgekultur bestimmen die Zusammensetzung der Gemenge. Die Anbaudauer sollte im Minimum ca. 6 Wochen erreichen.

Die Zwischenfrucht wird nach dem zweiten Grubberdurchgang mit der Kombination aus Kreiselegge und Sämaschine oder mit einer Mulchsämaschine ausgebracht. Die Ausbringung mittels Düngerstreuer und Einarbeitung mit dem Grubber ist zu ungenau. Je länger der Zeitraum zwischen Ernte der Vorfrucht und der Bodenbearbeitung der Folgefrucht, umso eher kann noch eine Beikrautkur dazwischengeschaltet werden. Je nach Kulturart schwanken die Mengen des auf dem Feld verbleibenden Stickstoffs von ca. 50 bis zu über 200 kg N (Aufhammer 1998) (Tabelle 30), zuzüglich einem Boden-N_{min}-Gehalt von 10–35 kg N/ha. Das C/N-Verhältnis der Pflanzenteile (Tabelle 30), der Verholzungsgrad, die Witterung und Bodenbearbeitung steuern die Stickstofffreisetzung über das Bodenleben.

TAB. 28: *Zwischenfruchtgemenge mit früher und später Aussaat*

FRÜHE AUSSAAT (Grünfutter)		**SPÄTE AUSSAAT** (abfrierend, Gründüngung)	
Kulturart	**Saatstärke in kg/ha**	**Kulturart**	**Saatstärke in kg/ha**
Grünfuttererbse	80,0	Grünfuttererbse	10,0
Sommerwicke	20,0	Ölrettich	2,0
Hafer	100,0	Senf	5,0
		Phacelia	1,5
		Sommerwicke	8,0
Summe	**200,0**	**Summe**	**26,5**

Quelle: Herrmann und Plakolm (1993), Hampl (1996)

TAB. 29: *Anbau, Ertrag und Verwendungszweck von Zwischenfrüchten*

Kulturart	Saatstärke in kg/ha	Spätest mögliche Saatzeit**	Ertrag in TM dt/ha***	Verwendungs-zweck*
Ackerbohne	210	Anfang August	40–50	G, GD
Grünfuttererbse	80–120	Anfang August	30–35	GD
Ölrettich	18–20	Anfang Sept.	40–50	GD
Phacelia	8–10	Ende August	25–35	GD
Platterbse	90–140	Ende August	25–30	G, GD
Sommerwicke	90–125	Anfang August	30–35	G, GD
Süßlupine	210	Anfang August	35–45	G, S, GD
Weißer Senf	15–20	Mitte Sept.	30–40	GD
Winterwicke	90–110	Mitte Sept.	25–30	G, GD

Quelle: Blick ins Land (2004), verändert

* G = Grünfutter, S = Silage, GD = Gründüngung
** kann je nach klimatischer Region auch noch später sein
*** klimatisch günstige Bedingungen

TAB. 30: *Verteilung der Stickstoffmengen in unterschiedlichen Pflanzenteilen der Ackerbohne*

Pflanzenteil	Trockenmasse in dt/ha	N-Gehalt in %	N-Menge in kg N/ha	C/N
Korn (Erntegut und Ausfallkorn)	40	5	200	10:1
Bestandesabfall (Blätter, Blüten)	15	2	30	< 20:1
Stängel und Restblätter	52	1	52	30–60:1
Hülsen	8	2	16	30–60:1
Wurzeln	12	2	24	10–50:1
Knöllchen	1	1	1	< 10:1
Gesamt	128	ca. 2,4	323	
Vegetative Ernterückstände	88	ca. 1,4	123	
Ausfallkorn	4	5	20	
N-Rückstände bei Ernte			178	

Quelle: Aufhammer (1998)

Bei frühräumenden Körnerleguminosen wie Erbsen, Linsen oder Gelben Lupinen kann mittels Zwischenfruchtanbau ein erheblicher Anteil des Stickstoffs wieder in Pflanzen gebunden werden. Bei Ackerbohnen, Weißen Lupinen oder Sojabohnen ist dagegen die Zeitspanne meist zu knapp. Deshalb wird durch nicht legume Untersaaten versucht, einen Teil des verfügbaren Stickstoffs in der Pflanzenmasse zu binden (siehe Kapitel 7.1.2). Je nach Witterung und Pflanzenart können ca. 50 kg N/ha über die Untersaaten aufgenommen werden. Je länger die Bestände wachsen, umso effizienter ist dies möglich.

Die Leguminosen müssen bei Untersaatverfahren Standfestigkeit und ein geringes Längenwachstum vorweisen können. Kleine Blätter mindern die Beschattung der Untersaat. In Frage kommen Ackerbohnen und Lupinen. Angebaut wird mit einem Reihenabstand von mindestens 30 cm, bei früher Einsaat nach der Beikrautregulierung, bei später Einsaat etwa nach der Blüte der Leguminosen. Ist der Acker stark verbeikrautet, wird so lange wie möglich gehackt und die späte Einsaat der Untersaat der frühen in jedem Fall vorgezogen. Um die Leguminosen nicht zu konkurrenzieren, sind bei früher Einsaat Arten und Sorten mit einer langsamen Jugendentwicklung und geringer Wuchshöhe zu bevorzugen (Dt. Weidelgras, Knaulgras). Bei später Einsaat eignen sich Pflanzen mit geringer Schossneigung und geringer Empfindlichkeit gegenüber Lichtmangel (Senf, Raps und Rübsen, Wintergerste). Unter günstigen Bedingungen wirkt sich diese Anbauform positiv auf die Minderung von Getreidekrankheiten aus (Aufhammer 1998).

6.5 Anbaupausen und Verträglichkeit der Leguminosen untereinander

Bis auf Wicken und Platterbsen sind alle anderen Körnerleguminosen selbstunverträglich. Deshalb sollen Anbaupausen von 4–6 Jahren eingehalten werden (Tabelle 31).

TAB. 31: *Selbstverträglichkeit und Anbauabstände von Körnerleguminosen, Deckfruchteignung für Untersaaten sowie Gemengepartner*

Körner-leguminosen art	Selbstver-träglich-keit	Anbau-abstände in Jahren (mind.)	Einsaat von Unter-saaten	Geeignete Gemengepartner
Futtererbse	nein	5	+/-	Saat- od. Sommerwicke, Ackerbohne, Rotklee, Luzerne, Welsches Weidelgras, Knaulgras, Einjähriges Weidelgras, Getreide, Sommerrübsen, Sonnenblume, Blaue Lupine
Ackerbohne	nein	4	+/-	Saat- od. Sommerwicke, Grünfuttererbse, Deutsches Weidelgras, Welsches Weidelgras, Sommerraps, Sommer- u. Winterrübsen, Gelbsenf
Blaue Lupine	nein	4	-	Grünfuttererbse, Getreide, Ackerbohne, Inkarnatklee, Saat- od. Sommerwicke, Sommerraps, Gelbsenf
Weiße Lupine	nein	4	-	Grünfuttererbse, Sonnenblume, Serradella, Saat- od. Sommerwicke, Einjähriges Weidelgras, Sommerraps, Mais
Gelbe Lupine	nein	4	+/-	Grünfuttererbse, Saat- od. Sommerwicke, Serradella, Einjähriges Weidelgras, Sonnenblume, Buchweizen, Gelbsenf, Sommerrübsen
Linse	nein	5	+	Sommergerste, Saat- od. Sommerwicke, Platterbse, Grünfuttererbse
Saat- od. Sommerwicke	ja	3–4*	+	Grünfuttererbse, Ackerbohne, Blaue u. Weiße Lupine, Einjähriges Weidelgras, Sommerraps, Sommer- u. Winterrübsen, Gelbsenf, Buchweizen, Phacelia
Zottel- od. Winterwicke	ja	3–4*	+	Inkarnatklee, Welsches Weidelgras, Roggen, Winterraps, Winterrüpsen, Bastardweidelgras, Knaulgras, Phacelia
Platterbse	ja	3–4*	+/-	Zottel- od. Winterwicke, Alexandrinerklee, Sonnenblume, Buchweizen, Inkarnatklee, Rotklee, Luzerne, Deutsches Weidelgras, Welsches Weidelgras, Knaulgras, Phacelia, Saat- od. Sommerwicke, Roggen

Quelle: Rauber und Hof (2003)

+ = gut, +/- = mittel, - = schlecht
* Anbaupausen von 3–4 Jahren sollten trotz Selbstverträglichkeit eingehalten werden.

Sojabohnen gelten als teilweise selbstverträglich. Linsen können bei extensiver Führung häufiger angebaut werden.

Eine Vielzahl von Krankheiten und Schädlingen überdauern entweder in Ausfallkörnern oder unmittelbar im Boden. Bei Nichteinhalten dieser Anbaupausen ist mit einer Zunahme der Schaderreger und einem Rückgang der Stickstofffixierleistung und des Ertrages zu rechnen.

Körnerleguminosen können in unterschiedlicher Form angebaut werden.
Die Einhaltung von Anbauphasen variiert entsprechend (beginnend mit eher kürzeren Anbaupausen):

- als Reinsaaten oder im Gemenge (mit Getreide, Lein, Leindotter, Koriander, Körnermais, Futterbau),
- im Hauptfrucht- oder Zwischenfruchtanbau,
- zur Körner- oder Saatgutgewinnung und/oder
- Grünfutternutzung

Auch der Anteil anderer Körnerleguminosen in der Fruchtfolge ist bei der Bemessung von Anbaupausen zu beachten, ein aus fruchtfolgetechnischen Überlegungen sinnvoller Abstand zwischen den Körnerleguminosenarten von mind. 3 Jahren ist einzuhalten.

Kulturartenreiche Fruchtfolgen mit Zwischenfruchtgemengen ohne Körnerleguminosenanteil ermöglichen am ehesten einen hohen Körnerleguminosenanteil im Hauptfruchtanbau.

Da in der Regel nur ein Fruchtfolgefeld mit Körnerleguminosen bestellt und beim eher seltenen Anbau einer zweiten Körnerleguminose eine andere Art gewählt wird, bleibt das Risiko einer zu engen Abfolge von Körnerleguminosen innerhalb einer Rotation insgesamt gering (siehe auch die Überlegungen zum Zwischenfrucht- und Mischfruchtanbau, Kapitel 6.4, 6.6).

6.6 Mischfruchtanbau

Um das Ertragsrisiko von Körnerleguminosen-Reinsaaten zu minimieren, werden Körnerleguminosen häufig mit Getreide oder anderen Kulturen angebaut.

Darüber hinaus können andere **Vorzüge des Mischfruchtanbaus** genannt werden:

- Höhere Ertragssicherheit
- Effektivere Anpassung an die Standortverhältnisse
- Bessere Nutzung von Wachstumsfaktoren
- Aufnahme von Bodenstickstoff durch Nicht-Leguminosen, dadurch Erhöhung der Stickstofffixierleistung
- Dichtere Bodenbeschattung, geringerer Beikrautdruck
- Teilweise Nutzung von mobilisierten Nährstoffen (z. B. Phosphor durch Lupinenanbau)
- Minderung der Ausbreitung von Krankheiten und Schädlingen
- Gemengepartner als Stützfrucht für Körnerleguminosen mit geringer Standfestigkeit (z. B. Körnererbse Blatttyp, Linse)

Demgegenüber stehen die **Nachteile des Mischfruchtanbaus:**

- Konkurrenzierung um Standortressourcen (z. B. Lichtmangel führt zu Blütenabwurf)
- Erhöhter Arbeitsaufwand bei der Saat
- Erhöhte Aufwendungen bei der Reinigung und Trennung des Druschgutes

Bei der Zusammenstellung von Mischungspartnern sind deren artspezifischen Ansprüche an den Standort und die art- und sortenspezifischen Eigenschaften zu beachten. Hochwachsende Pflanzen wie Mais oder Sonnenblumen unterdrücken die Leguminosen vollständig, wenn die Saatstärken nicht entsprechend angepasst sind und die Leguminosen nicht einen deutlichen Wachstumsvorsprung erhalten. Eine spezifische Form des Mischfruchtanbaus stellt die Kombination von Körnerleguminosen mit der Funktion der Stickstoffversorgung und Bodenbedeckung in Mais- oder Sonnenblumenbeständen dar (Aufhammer 1998). In früh gesäte Weiße Lupinen wird Mais ergänzt und bei einer Maishöhe von ca. 30–50 cm die Leguminosen gemulcht.

Ackerbohne

Die Sommerackerbohne eignet sich je nach Anbaubedingungen im Gemenge mit Hafer, Sommergerste und Erbsen, Winterackerbohnen mit Winterweizen. Da die Ackerbohne relativ spät reift, sind Getreidesorten mit einem späteren Reifezeitpunkt (z.B. Sommerfuttergerste: Mondena, Braugerste: Roxana, Bodega) bzw. Ackerbohnensorten (z.B. Scirocco) mit frühem Reifezeitpunkt zu verwenden. Aufgrund der unterschiedlichen Saattiefe ist eine getrennte Aussaat der Leguminosen zu empfehlen. Die Saatstärke der Ackerbohnen liegt bei etwa 50 % der üblichen Reinsaatstärken, d.h. ca. 120 kg Ackerbohne, 80 kg Winterweizen, 65 kg Hafer, 70 kg Sommergerste und 110 kg/ha Erbse. Frühreifende Ackerbohnensorten werden mit spätreifenden, länger wüchsigen Erbsensorten (z. B. Gotik) kombiniert. Auch hier liegt die empfohlene Saatstärke bei 50 % der üblichen Reinsaatstärke. Erbsen können den Befall mit Schwarzer Bohnenlaus vermindern. Hafer wird nach dem Aufgang der Ackerbohne eingesät.

Erbse

Geeignete Gemengepartner der Erbsen sind die Sommergerste, Hafer und Leindotter. In der Praxis wird meistens dann der Hafer anstelle der Gerste verwendet, wenn der Anbau von Gerste aufgrund nasser oder leichter Böden nicht empfehlenswert ist. Gemenge von Hafer und Erbsen erreichen eine höhere Gesamt-Sprosstrockenmasse. Gründe dafür sind das stärkere Beikrautunterdrückungsvermögen durch einen geringeren Lichteinfall im Gemenge und das stärkere Bodendurchwurzelungsvermögen des Hafers (Aufhammer 1999). Grünfuttererbsen werden im Gemenge hauptsächlich als Zwischenfrucht angebaut (Tabelle 32). Der Futterwert bei Reinsaat und im Gemenge ist sehr hoch. Geeignete Gemengepartner für die Grünfuttererbse sind Wicken und Ackerbohnen. Die Grünfuttererbse ist für Silage und Beweidung (Portionsweide) empfehlenswert. Die Wintererbse wird mit Roggen oder Triticale angebaut und entweder zu Grünfutterzwecken oder für die Körnerproduktion genutzt.

TAB. 32: *Gemenge mit Grünfuttererbse (Peluschke)*

GEMENGEBEISPIEL 1 Kulturart	Saatstärke in kg/ha	GEMENGEBEISPIEL 2 Kulturart	Saatstärke in kg/ha
Grünfuttererbse	80	Grünfuttererbse	70
Saat- od. Sommerwicke	20	Saat- od. Sommerwicke	40
Ackerbohne	40	Ackerbohne	20
Hafer	20	Grünmais	12
Weidelgras	10	Hafer	15

Quelle: Sneyd (1995)

Die Angaben über die Aussaatstärken von Gemengen variieren. Üblich sind z. B. 80 % der Reinsaatstärke der Erbse und etwa 20 % der Reinsaatstärke des Getreides, d.h. ca. 184 kg Erbse und ca. 35 kg Getreide. Aus Kostengründen wird der Erbsenanteil häufig reduziert. Durch den Mischfruchtanbau mit Leindotter (3–4 kg/ha Leindotter, 220 kg/ha Erbsen) kann der Beikrautdruck reduziert werden. Der Leindotter dient zudem als Stützfrucht, um das Lagern der Erbsen zu vermeiden (Makowski 2003).

Lupine

Lupinengemenge sind vor allem auf sandigen bis leicht lehmigen Böden zu finden. Gemengepartner der Lupine sind Sommerroggen und Hafer, aber auch Sommergerste und Erbsen kommen in Frage. Bei einer Körnernutzung liegt die Aussaatmenge bei 50 % der üblichen Reinsaatstärke. Bei Silageherstellung wird die Aussaatstärke der Lupinen reduziert und beim Getreide erhöht (z. B. 60 kg/ha Lupine + 110 kg/ha Sommerroggen) (Rauber und Hof 2003).

Sojabohne

Sojabohnen werden selten im Gemenge mit anderen Kulturarten angebaut. Eine Kombination mit Mais oder Sonnenblumen ist möglich, erfordert aber eine entsprechende Reduktion der Saatstärken von den Gemengepartnern, da Sojabohnen ansonsten durch die Beschattung vollständig unterdrückt werden. Darüber hinaus ist der Einsatz von Hackgeräten sicher zu stellen.

7 Anbautechnische Maßnahmen

7.1 Bodenbearbeitung und Saatbettbereitung

7.1.1 Vorbereitung der Einsaat

Nach der Ernte der Vorfrucht und dem Abfrieren der Zwischenfrucht, die je nach Aufwuchs gemulcht, abgefräst oder geschlegelt wird, folgt im Allgemeinen der Flügelschargrubber und nachfolgend eine Pflugfurche (Tabelle 33). Von allen Körnerleguminosen profitieren die Ackerbohne und die Lupine am meisten von einer tiefen Bodenlockerung.

TAB. 33: *Arbeitsaufwand und Kosten für die Boden- und Saatbettbereitung*

Gerät	Arbeits-aufwand Akh/ha	Variable Maschinen-kosten in €/ha
Grubber (11 Zinken, 2,5 m, Krümler) 70 kW-Traktor*	0,6	8
Anbaubeetpflug (vierscharig) 70 kW-Traktor*	2,1	33
Kreiselegge (3 m) 70 kW-Traktor*	1,2	19
Eggenkombination (schwer, 3 m) 70 kW-Traktor**	0,5	7
Total	4,4	67

Quelle: * BMLFUW (2002), ** BMLFUW (2002/03)

Auf gut abtrocknenden Böden kann auch noch im Februar gepflügt werden, sonst im Winter. Bei geringem Beikrautdruck wird auf den Pflug verzichtet. Im Frühjahr wird das Feld abgeschleppt und mit einem Flachgrubber oder einer Eggenkombination das keimende Beikraut ein- bis zweimal geeggt und das Saatbett hergestellt. Die Ackerkrume darf bei der Frühjahrsbearbeitung nicht verdichtet werden, da sonst die Nährstoff-, Wasser- und Luftführung gestört ist. Tiefe Pflugbearbeitung im Frühjahr führt zu unnötigen Wasserverlusten und verzögert die Aussaat. Schwere Böden trocknen rascher bei einer grobscholligen Bodenstruktur, fördern die Erwärmung und vermindern die Verschlämmungsgefahr. Verschlämmte Böden vermindern die Entwicklung und Aktivität der Knöllchenbakterien. Das Saatbett ist wassersparend und bodenschonend, mit möglichst wenigen Arbeitsgängen, gut abgesetzt und eben, auf 5–10 cm gelockert, herzurichten. Damit werden eine gleichmäßige Saatgutablage, eine zügige Keimung, ein schneller Feldaufgang, eine rasch einsetzende Tätigkeit der Knöllchenbakterien und eine wirksame Arbeit mit dem Striegel möglich. Kleine Schollen auf der Oberfläche verhindern eine Verschlämmung.

7.1.2 Umbruch der Bestände

Die Ziele des Umbruchs von Körnerleguminosenbeständen sind das Auflaufenlassen von oben liegenden Beikrautsamen sowie Ausfallkörnern, die gleichmäßige Einmischung der Pflanzenrückstände sowie erste vorbereitende Maßnahmen für die Etablierung der nachfolgenden Zwischen- oder Hauptfrucht. Die Bodenbearbeitung ist so extensiv wie möglich vorzunehmen, um Bodenwasservorräte zu schonen und Mineralisationsprozesse der Ernterückstände vor Winter möglichst wenig anzuregen.

Die Ernterückstandsmengen der Körnerleguminosen variieren zwischen 15 und 60 dt TM/ha leicht verrottbarer Stängel und Blätter und einer Wurzelmasse von nochmals 10–15 dt TM/ha. Die kurzfristig verfügbare Stickstoffmenge setzt sich aus ca. 10–30 kg Nmin/ha im Boden und je nach Körnerleguminosenbestand aus ca. 30–120 kg N/ha rasch mineralisierbarem Stickstoff aus den Pflanzenrückständen zusammen. Die Wurzeldichte und Wurzeltiefe kann durch geringere Pflanzenabstände, Untersaaten und Zwischenfrüchte gefördert werden (Justus und Köpke 1995).

Stängel und Blätter werden mit ein- bis zweimaligem Grubbern eingearbeitet, die Biomasse verrottet relativ rasch. Vor der Zwischenfruchteinsaat wird die Kreiselegge eingesetzt. Nach der Zwischenfrucht, die je nach Bedarf gemulcht oder als Futter genutzt wird, folgt eine Pflugfurche. Um die Auswaschung von Stickstoff aus bereits mineralisierten Leguminosenrückständen zu vermeiden, sind Untersaaten oder Zwischenfrüchte so lang wie möglich zu erhalten. Werden die Ackerbohnen und Lupinen Mitte August geerntet, kann unter günstigen Bedingungen entweder in die Bestände oder daran anschließend eine schnellwachsende nicht-legume Zwischenfrucht (z. B. Senf oder Ölrettich) noch bis zu 30 kg N/ha aufnehmen und damit das Risiko einer Auswaschung des leicht mineralisierbaren N aus den Erntewurzelrückständen vermindern (siehe Kapitel 6.4).

7.2 Saatverfahren

Die Anbauperioden der Körnerleguminosen variieren arten- und sortenspezifisch. Kühle Temperaturen (Vernalisation) zum Saattermin können bei Ackerbohnen, Erbsen, Linsen, der Weißen Lupine und einzelner Sorten der Gelben Lupine eine Verkürzung der Vegetationsdauer und der Blühperiode, eine Blühbeschleunigung und eine Steigerung der Erträge bewirken (Aufhammer 1998). Frühe Saat verbessert auch die Ausnutzung der Winterwasservorräte. Späte Saat von Ackerbohnen, Erbsen oder Lupinen nach Mitte März bewirken Ertragsverluste von 0,3 bis 0,7 dt/ha und Tag (Aufhammer 1998). Andererseits bedarf es Mindestkeimtemperaturen (Tabelle 34) und einer kontinuierlichen Bodenfeuchte, um einen gesunden Auflauf der Pflanzen zu gewährleisten.

TAB. 34: *Angaben zur Saat von Körnerleguminosen*

Körner-leguminosen art	Keimungs-modus	Saatbett-struktur	Reihen-abstand in cm	Saat-tiefe in cm	Keimung in °C (Minimum)	Samen in mm Ø oder mm	Variations-breite TKG in g	Aussaat-menge in kg/ha (Reinsaat)
Ackerbohne	hypogäisch	Eher grob	30–40	6–8	2–3	8–13	300–800	230–250
Erbse	hypogäisch	Eher grob	11–25	4–6	1–2	3–5,5	150–240	210–230
Linse	hypogäisch	Fein	15–25	3–6	4–5	2–9	20 –70	40–80
Lupine blau	epigäisch	Fein	15–40	3–5	4–5	8x7x6	140–200	130–260
Lupine gelb	epigäisch	Fein	15–40	3–5	4–5	7x6x4	100–180	100–180
Lupine weiß	epigäisch	Fein	15–40	3–5	4–5	15x12x6	250–500	160–300
Platterbse	hypogäisch	Grob	20–25	4–6	2–3	8x7x5	60–120	100–170
Saatwicke	hypogäisch	Grob	16–24	3–5	1–2	3–6	20–50	80–130
Sojabohne	epigäisch	Fein	30–50	2–4	8–10	7x6x5	150–220	90–120
Zottelwicke	hypogäisch	Grob	15–25	2–5	1–2	3–4	20–40	50–120

Quelle: nach mehreren Autoren

hypogäisch = Keimblätter verbleiben in der Erde
epigäisch = Keimblätter werden aus dem Boden herausgehoben

Die Frostresistenz ist sortenspezifisch ausgeprägt und meist eng an den Vernalisationsanspruch gebunden. Dauern die kühlen Temperaturen über eine längere Zeitspanne an, nimmt die Anzahl gekeimter Samen ab und die Verschlämmung sowie die Verbeikrautung zu.

Die Bestände großkörniger Leguminosenarten bestehen aus einer geringeren Anzahl an Pflanzen als kleinkörnige Arten. Umso gravierender ist der Ausfall einzelner Pflanzen für den Gesamtertrag. Die Erhöhung der Saatmenge bei Spätsaat führt gleichzeitig zu einer erhöhten Konkurrenz zwischen den Pflanzen und damit zu einer Reduktion der Ertragsanlagen.

Kurzwüchsige, kleinkörnige Sorten werden dichter ausgesät. Je dichter gesät wird, um so eher nimmt die Pflanzendichte in der Reihe zu. Entsprechend ist mit einer Vergrößerung der Reihenabstände gegenzusteuern, da mit zunehmender Bestandsdichte auch die Gefahr der Ausbreitung von Krankheiten zunimmt.

Bei Einsatz von Hackgeräten ist die Saatmenge geringfügig zu erhöhen, um Verluste auszugleichen. Hackgeräte erfordern einen Mindestabstand von 30 cm, ebenso wenn Untersaaten zur N-Aufnahme oder als Stützfrucht vorgesehen sind.

Ackerbohne

Ackerbohnen keimen hypogäisch, d.h. die Keimblätter verbleiben in der Erde. Die optimale Saattiefe liegt zwischen 6 und 8 cm. Die tiefe Saat schützt die Ackerbohnen vor Vogelfraß, verbessert die Standfestigkeit und sichert den hohen Wasserbedarf für die Keimung. Durch diese tiefe Ablage sind auch die Verluste beim Striegeln geringer.
Bei Sommerackerbohnen wird je nach Witterung ab Ende Februar bis Mitte März gesät. Der Boden muss gut abgetrocknet sein.
Die frühe Saat ermöglicht den Ackerbohnen einen Entwicklungsvorsprung gegenüber den Bohnenläusen.

Ackerbohne

Schwarze Bohnenlaus der Ackerbohne

Bitterlupine

Sojabohne

Futtererbse

Pheromon-Klebefalle Erbsenwickler

Außerdem kann die Winterfeuchtigkeit noch gut ausgenutzt werden, was für die Ertragsbildung mitentscheidend ist. Winterackerbohnen werden Mitte September bis Mitte Oktober gesät.
Die optimale Aussaatmenge auf der Basis keimfähiger Körner/m^2 ist abhängig von den Aussaatbedingungen. Die optimale Saatdichte liegt zwischen 30 und 40 Körnern pro m^2. Bei ungünstigen Aussaatbedingungen kann die Menge entsprechend erhöht werden. Dichte Bestände unterdrücken das Beikraut besser und bringen auch höhere Erträge. Bei hohen Wuchstypen kann die gegenseitige Beschattung wiederum den Ertrag reduzieren. Höhere Aussaatmengen (über 60 Körner/m^2) können den Ertrag zwar weiter steigern, die höheren Saatgutkosten übersteigen aber den aus dem Mehrertrag erzielten Gewinn.
Zu hohe Bestandsdichten führen außerdem zu einer geringeren Standfestigkeit und einer Förderung von Schaderregern.

Die Aussaatmenge wird nach folgender Formel berechnet:

AUSSAATMENGE =

TKG (500) * Körner je m^2 (40) / Keimfähigkeit (mind. 80 %) =

250 kg/ha

Die Aussaat erfolgt im Idealfall in Einzelkornablage. Da die Einzelkornsämaschine schwerer ist, lässt sich die ausreichende Saattiefe problemlos erreichen. Wird eine Drillsämaschine verwendet, wird der Federdruck verstärkt und Zusatzgewichte angebracht, um den gewünschten Tiefgang zu gewährleisten. Die Aussaat mit dem Kreiselstreuer und nachfolgend flaches Einarbeiten ermöglicht eine um 8–10 Tage frühere Aussaat. Die Saatablage ist allerdings ungleichmäßig und erlaubt nur Striegeln.
Der Reihenabstand beim Anbau von Ackerbohnen beträgt zwischen 30 und 40 cm. Entsprechend variiert die Ablage in der Reihe. Bei hohen Reihenabständen nimmt der Beikrautdruck zu, der Ertrag nimmt in der Regel ab. Die Geräteausstattung auf dem Betrieb entscheidet häufig über das Verfahren.

Erbse

Die optimale Saattiefe der Erbse liegt zwischen 4 und 6 cm und richtet sich nach Standort, Saatgutgröße und Bodenart. Wichtig ist eine gleichmäßige Saatgutablagetiefe und einheitliche Standräume für die Einzelpflanzen, denn nur so kann ein hoher Feldaufgang gewährleistet und Leerstellen, die zu vermehrtem Beikrautaufwuchs beitragen, vermieden werden. Die exakte Saatgutablage ist eng mit der Saatbettqualität, der Saatgutqualität und der Saattechnik verbunden.

Die Saatdichte hängt vom Tausendkorngewicht und vom Wuchstyp der einzelnen Sorten ab. Sie schwankt sortenspezifisch zwischen 70 und 90 keimfähigen Körnern je m² (ca. 220 kg/ha). Da das Tausendkorngewicht (TKG) sortenspezifisch, aber auch innerhalb einer Sorte bis zu 30 % vom Normalwert variieren kann und das Saatgut teuer ist, lohnt es sich, das angegebene TKG zu überprüfen. Bei einer Frühsaat (Anfang März) muss die Aussaatmenge um ca. 20–30 % erhöht werden (Tabelle 35) (Hansen 1985).

Die Aussaat der Erbsen erfolgt mit der Drillmaschine mit dem im Getreideanbau üblichen Reihenabstand. Gegenüber der Drillsaat unterstützt eine Einzelkornablage die Entwicklung gleichwertiger Einzelpflanzen, außerdem wird die Standfähigkeit verbessert und eine gleichmäßige Abreife der Bestände gefördert.

Der Aussaattermin der Erbsen variiert jahres- und standortabhängig von Ende Februar bis Mitte April. Eine möglichst zeitige Aussaat ist beim Erbsenanbau

TAB. 35: *Anbauziele und Aussaatmengen bei Erbsen*

Anbauziele	Tausendkorngewicht in g	Saatstärke in Körner/m²	Keimfähigkeit in %	Aussaatmenge in kg/ha
Frühe Saat	230	96–104	95	232–252
mittlere Bestandesdichte	230	80	95	194
hohe Bestandesdichte	230	100	95	242
Mischkultur mit Leindotter	230	80–100	95	194–242
Mischkultur mit Hafer (hohe Bestandesdichte)	230	80	95	194

Aussaatmenge = TKG * Körner je m²/Keimfähigkeit

von Vorteil, der Boden muss aber ausreichend abgetrocknet und erwärmt sein. Die Mindestkeimtemperaturen liegen bei 1–2 °C. Der Boden darf weder zur Staunässe neigen noch verdichtet sein. Die Folgen wären mangelhafte Knöllchenentwicklung, schwacher Hülsenansatz und erhöhter Blattlausbefall. Bereits beim Auflaufen können Pilzkrankheiten schädigen.

Lupine

Die Lupinen keimen epigäisch, d.h. die Keimblätter werden aus dem Boden herausgehoben. Die optimale Saattiefe liegt bei 3 bis 5 cm. Diese Saattiefe sollte unbedingt eingehalten werden, da bei einem seichteren Anbau Blindstriegeln die Saat schädigen kann. Wegen der langen Wachstumsdauer und der späten Abreife sollten Süßlupinen so früh wie möglich gesät werden, in der Regel zwischen Anfang März und Anfang April. Die Gelbe Lupine ist spätsaatverträglich, bei der Weißen Lupine fördern kalte Temperaturen vor der Keimung die Ertragsbildung.
Die Aussaat erfolgt mittels Drill- oder Einzelkornsämaschine. Der Reihenabstand variiert zwischen 15 und 40 cm. Wird zur Beikrautregulierung die Hacke verwendet, muss der Reihenabstand mindestens 20, besser 30 cm betragen. Beim Erstanbau von Lupinen auf einem Standort ist es von Vorteil, das Saatgut mit ihren spezifischen Knöllchenbakterien *(Rhizobium lupini)* zu impfen. Das beimpfte Saatgut ist umgehend auszusäen. Die Saatstärke variiert je nach Lupinenart (Tabelle 36).

TAB. 36: *Aussaatstärken bei Lupinen*

Typ	Tausendkorngewicht in g	Mindestkeimfähigkeit in %	Saatstärke in Körner/m²	Aussaatmenge in kg/ha
Blaue Lupine	140–200	75	100–110	130–200
Gelbe Lupine	100–180	80	60–80	100–180
Weiße Lupine	250–500	80	60–70	160–300

Aussaatmenge = TKG * Körner je m²/Keimfähigkeit

Sojabohne

Auch die Sojabohne keimt epigäisch. Die Aussaattiefe ist mit 2 bis 4 cm relativ gering. Eine zu tiefe Saat würde das Herausheben der Keimblätter aus dem Boden erheblich erschweren und den Feldaufgang reduzieren. Die Aussaatzeit der Sojabohne liegt je nach Temperatur des Bodens zwischen Mitte April und Anfang Mai bei einer Bodentemperatur von 8–10 °C.

Sojabohnen werden mit der Einzelkornsämaschine gesät. Mit der pneumatischen Einzelkornsämaschine (ausgerüstet mit einer Soja-Säscheibe) sind die Kornverletzungen am geringsten. Der Saatgutbedarf ist mit dieser Technik im Vergleich zu einer Drillmaschine geringer. Es lassen sich so 50–55 Samen/m^2 (optimale Saatstärke) auf einen Samenabstand von 4 cm ablegen. Die Fahrgeschwindigkeit beträgt 3 km/h, der Reihenabstand 30–50 cm. Das TKG liegt zwischen 150 und 220 g (Tabelle 37).

In feuchten Gebieten kann die Saatstärke um ca. 10 % vermindert werden, da das vegetative Wachstum stärker ausgeprägt ist.

TAB. 37: *Aussaatstärken bei Sojabohnen*

Tausendkorngewicht in g	Saatstärke in Körner/m^2	Keimfähigkeit in %	Aussaatmenge in kg/ha
200	60	92	130
180	50	90	100
160	55	90	98

Aussaatmenge = TKG * Körner je m^2/Keimfähigkeit

Nur beim Erstanbau der Sojabohne ist eine Impfung des Saatguts mit Knöllchenbakterien *(Bradyrhizobium japonicum)* erforderlich.

Bewährt hat sich die Kontaktimpfung, bei der das Saatgut vor der Saat mit dem Impfmittel vermischt (z.B. im Betonmischer) und anschließend zügig ausgesät wird.

7.3 Beikrautentwicklung und Beikrautregulierung

Der Wuchstyp, die Wuchshöhe und die Bestandsdichte sowie die Wachstumsgeschwindigkeit bestimmen die Konkurrenzierung der Leguminosen durch die Beikräuter. Die konkurrenzschwachen Kulturarten wie Linsen oder halbblattlose Körnererbsen sind besonders in ihrer Jugendentwicklung einer hohen Konkurrenz durch Beikräuter ausgesetzt. Die Gefahr der Spätverbeikrautung nimmt beim Lagern von Erbsen- und Linsenbeständen, dem frühzeitigen Blattabwurf bei Ackerbohnen oder Lupinen oder dem Abtrocknen der Blätter bei Lupine oder Sojabohnen oder generell bei spätreifenden Sorten zu.

Das überwiegend geringe Beikrautunterdrückungsvermögen der Körnerleguminosen erfordert ein frühzeitiges Einsetzen der Beikrautregulierung bereits nach der Ernte der Hauptvorfrucht (Tabelle 38):

- 1–2 Grubbereinsätze bei nachfolgendem Auflaufen der Beikrautsamen und/oder Anbau konkurrenzstarker Zwischenfruchtbestände
- Verhinderung des Aussamens der aufgewachsenen Beikräuter in der Zwischenfrucht durch entsprechend frühzeitiges Mulchen oder Mähen
- Vermischen und Vergraben von Beikräutern und deren Samen (soweit diese nicht gekeimt sind) durch Pflügen
- Mehrmaliges Eggen und Abschleppen vor der Erbseneinsaat

Aufgrund der tiefen Saatablage der Körnerleguminosen und dem langsamen Keimungsprozess hat das Beikraut einen Wachstumsvorsprung. Die erste Beikrautregulierung durch Blindstriegeln und Einsatz der Rauwalze setzt daher kurz nach der Aussaat ein, ohne dass der Keimling beschädigt wird. Das Aufbrechen der Bodenkruste fördert die Bodenerwärmung, den Gasaustausch und die Mineralisation und damit die Keimung der Leguminosen. Wichtig ist, dass die Beikräuter noch im Fädchen-, Keimblatt- oder jungen Rosettenstadium durch den Striegel erfasst und gestört werden. Die Bodenlockerung wirkt auch der Verschlämmung entgegen. Ab dem 4-Blattstadium darf wieder gestriegelt werden, jedoch nur dann, wenn weder die Blattfläche geschädigt, noch die

TAB. 38: *Arbeitsaufwand und Kosten für die Beikrautregulierung im Körnerleguminosenanbau*

Gerät	Arbeitsaufwand Akh/ha*	Variable Maschinenkosten in €/ha
Grubber (11 Zinken, 2,5 m, Krümler) 70 kW-Traktor	0,6	8
Beetpflug (vierscharig, mittelschwer) 70 kW-Traktor	2,1	33
Hackstriegel (6 m, zweimal) 35 kW-Traktor	1,4	13
Hackgerät 35 kW-Traktor	0,7	14
Total	**4,8**	**68**

Quelle: BMLFUW (2002), BMLFUW (2002/03)

* Bei einer Schlaggröße von 1–10 Hektar kann ein ungefähr linearer Verlauf von Kosten und Arbeitsaufwand angenommen werden

Wurzeln freigelegt werden. Ab ca. 30 cm Reihenabstand wird mit Gänsefußscharen oder Rollhacken gearbeitet. Weite Reihenabstände verzögern allerdings den Bestandesschluss und fördern das Beikrautwachstum insbesondere bei kurzwüchsigen und kleinblättrigen Arten oder Sorten.

Ackerbohne

Die Ackerbohnen werden tief gesät. Sie können daher sehr gut blind gestriegelt werden. Grundvoraussetzung ist eine gleichmäßig tiefe Saatgutablage. Wenn sich der Keimling bereits 2 cm unter der Bodenoberfläche befindet, ist Striegeln nicht mehr empfehlenswert. Die Keimlinge sind bis zum Zweiblattstadium sehr empfindlich, daher kann frühestens ab der Entfaltung des dritten Blattpaares wieder vorsichtig gestriegelt werden. Das Striegeln sollte bei höheren Temperaturen erfolgen, da der verminderte Flüssigkeitsdruck in der Pflanze die Verletzbarkeit reduziert. Ab 25 cm Höhe wird nur noch gehackt. Durch zügiges Fahren beim Hacken werden auch die Beikräuter in der Reihe verschüttet.

Erbse

Nach dem Auflaufen (Zeitpunkt zu dem der Erbsenkeimling die Oberkrume durchbricht), sind die Erbsen sehr empfindlich gegen mechanische Eingriffe. Bis zum Erreichen des 4-Blattstadiums wird daher nicht gestriegelt. Danach sind die Beschädigungen an der Erbsenpflanze durch das Striegeln relativ gering und verschüttete Pflanzen wachsen wieder nach. Weitere Striegelgänge sind bis spätestens zu dem Zeitpunkt möglich, an dem sich die Ranken berühren. Ab der Rankenbildung können die Erbsenpflanzen leicht zwischen zwei Striegelzinken eingeklemmt und abgestriegelt werden. Ab hier ist nur noch Hacken möglich, wobei das Risiko einer Beschädigung der Erbsenpflanzen laufend zunimmt. Frühzeitig lagernde langwüchsige Erbsensorten und kurzwüchsige, halbblattlose, lockere Bestände bildende Sorten neigen zu einer stärkeren Verbeikrautung als die Blatttypen der Körnererbse und der Grünfuttererbse. Wegen der stärkeren Beschattung und der Beikrautunterdrückung werden die Grünfuttererbsen und Blatttypen der Körnererbse im Biologischen Anbau bevorzugt, während sie im konventionellen Anbau nur eine untergeordnete Rolle spielen.

Lupine

Wegen des späten Bestandsschlusses ist die Lupine gegenüber den Beikräutern eher konkurrenzschwach. Die Lupine verweilt bis Mai im Rosettenstadium und beschattet den Boden erst mit dem beginnenden Längenwachstum. Wichtig sind deshalb eine Beikrautregulierung vor der Saat und ein Blindstriegeln vor dem Auflaufen. Ab dem 4-Blattstadium kann wieder vorsichtig gestriegelt werden. Wenn ein ausreichender Reihenabstand gewählt wurde, kann später auch vorsichtig gehackt werden. Lupinen reagieren sehr empfindlich auf Verschütten mit Erde.

Sojabohne

Die Sojabohne deckt den Boden eher schwach ab, die Jugendentwicklung ist langsam. Vor der Saat wird das Beikraut mehrmals geeggt. Mit Blindstriegeln wird die Bodenkruste frühzeitig aufgebrochen und die Bodenerwärmung gefördert, womit der Aufgang der Sojabohnen beschleunigt wird. Blindstriegeln ist allerdings nur vor Erscheinen der Keimblätter möglich. Ein zweites Mal Striegeln ist ab einer Wuchshöhe von 5 bis 12 cm möglich. Bei einem späteren Einsatz kommt es zu Verletzungen der Pflanzen. Ab dem Zweiknotenstadium kann dann gehackt werden. Problembeikräuter wie z. B. Weißer Gänsefuß, Disteln oder Melden müssen notfalls händisch nachgejätet werden.

7.4 Nährstoffhaushalt

7.4.1 Nährstoffbedarf und Düngung

Der Bedarf der Körnerleguminosen an Stickstoff aus Düngemitteln ist gering, da sie sich durch die Symbiose mit Knöllchenbakterien selbst versorgen können. Dennoch ist zu beobachten, dass eine geringe Stallmistkompostgabe für die Jugendentwicklung unterstützend wirkt, was natürlich auch auf die anderen Nährstoffe, insbesondere Phosphor, zurückzuführen ist. Besonders zur Blüte wird viel Phosphat benötigt. Körnerleguminosen – insbesondere Erbsen, Weiße Lupinen und Sojabohnen – zeichnen sich durch ihr hohes Phosphataufschließungsvermögen aus (Tabelle 39). Dieses Aufschlussvermögen wird aber erst im späteren Vegetationsstadium wirksam. Die Weiße Lupine scheidet über sogenannte Proteoidwurzeln organische Säuren aus. Der pH-Wert des Bodens wird abgesenkt und damit Phosphor aus Aluminium- und Eisenverbindungen mobilisiert. Auch die in Symbiose mit der Pflanze lebenden Mykorrhizapilze nehmen insbesondere auf nährstoffarmen Böden Phosphor auf. Die Phosphorversorgung fördert die Knöllchenbildung und Stickstofffixierung. Kalium fördert ebenso die Entwicklung und die Aktivität der Knöllchenbakterien (Knöllchenzahl und Menge des fixierten Stickstoffs). Leguminosen reagieren deshalb empfindlich auf Kaliummangel. Ein gut durchlüfteter Boden fördert die Kaliaufnahme.

Die Einhaltung des artspezifischen pH-Werts ist von größter Bedeutung (Tabelle 24). Wenn im Frühjahr starke Niederschläge vorherrschen, nimmt die Verlagerung an Kalk in tiefere Bodenschichten zu. Zeigt eine Untersuchung des pH-Werts Kalkmangel an, sollte eine Erhaltungskalkung nach der Getreideernte durchgeführt werden. Im biologischen Landbau sind kohlensaurer Kalk und kalkhaltige Steinmehle zugelassen, welche in geringen Mengen ausgebracht werden. Der Kalkgehalt der Dünger ist je nach Herkunft unterschiedlich. Besteht generell der Bedarf, den Boden mit Nährstoffen zu versorgen, so kann dies über eine geringe Stallmistgabe zur vorausgehenden Zwischenfrucht erfolgen. Diese Zwischenfrucht kann durch einen Trockenmassenertrag von 10 dt/ha

TAB. 39: *Aufschließungsvermögen von Nutzpflanzen für schwerlösliche Phosphate*

Nutzpflanzen	Aufschließungsvermögen für schwerlösliche Phosphate
Gerste	sehr niedrig
Weizen, Hafer	niedrig
Roggen, Mais, Sojabohne	relativ hoch
Kartoffel, Zuckerrübe, Rotklee, Senf	hoch
Luzerne, Erbsen, Lupinen, Buchweizen	sehr hoch

Quelle: Rübensam und Rauhe (1969)

TAB. 40: *Bereitstellung leicht verfügbarer Nährstoffe durch Stroh, Zwischenfrüchte und Hofdünger*

Düngerarten	Einheit /ha	Ertrag, Menge	Nährstoffe in kg/ha		
			N	P_2O_5	K_2O
Zwischenfrucht	kg	1.000–3.000	27–81	7–21	14–42
Getreidestroh	kg	2.000–4.000	8–16	2–4	20–40
Stallmistkompost	t	10–20	30–60	24–48	65–130
Schweinegülle 1:1 verdünnt	m^3	10–20	35–70	30–60	50–100

Quelle: Löhr (1990); Freyer (2003)

potenziell 27 kg N/ha für die folgende Körnerleguminose zur Verfügung stellen (Tabelle 40). Die Stickstoffvorsorgung durch Stallmist, Zwischenfrüchte sowie die Mineralisierung von bodeneigenem Stickstoff im Frühjahr von 50 kg N/ha und mehr reichen zur Förderung der Jugendentwicklung der Körnerleguminosen aus. Weitere Gaben an Stallmist verzögern dagegen die Entwicklung der Knöllchenbakterien. Verstärktes vegetatives Wachstum schwächt die Standfestigkeit und erhöht die Lagerneigung. Die im biologischen Landbau zugelassenen Phosphordünger sind schwer löslich und wirken bei direkter Gabe nicht schnell genug. Das Einmischen in den Stallmistkompost fördert die Verfügbarkeit. Der Kaliversorgung kann ebenso durch die in der vorausgehenden Zwischenfrucht gespeicherten Mengen und/oder eine geringe organische Düngergabe unterstützt werden. In der Regel ist eine Stallmistkompostgabe für eine gute Bestandsetablierung nicht erforderlich. Auf sehr mageren Böden kann dagegen vor Vegetationsbeginn eine Mistkompostgabe ausgebracht werden.

7.4.2 Stickstofffixierung

Die Stickstofffixierung der Körnerleguminosen setzt das Vorhandensein artspezifischer Rhizobien voraus. Ackerbohnen, Erbsen und Linsen leben in Symbiose mit *Rhizobium leguminosarum* (pH-Optima: 6,8–7,2) die Gartenbohne mit *R. phaseoli,* die Lupine (und Serradella) mit *R. lupini* und die Sojabohne mit *Bradyrhizobium japonicum* (pH-Optima: 5,8–6,2). Nur bei sehr langen Anbaupausen oder einem Erstanbau ist eine Impfung des Saatguts oder des Bodens erforderlich, da die Bakterien über längere Zeit auch im Boden überdauern können. Im Zwischenfruchtanbau können die jeweils gewünschten Rhizobien durch den Anbau von Leguminosen gefördert werden. Für die Stickstoffaufnahme über die Knöllchenbakterien benötigt die Pflanze mehr Energie als bei der Aufnahme von mineralischem Bodenstickstoff.

Da der N-Gehalt in den Körnern sehr hoch ist, wird durch die Ernte der Körner der größte Anteil an Stickstoff von der Fläche exportiert. Der Stickstoff kommt dem Betrieb nur dann überwiegend zugute, wenn die Körner im Betrieb verfüttert werden. Die Unterschiede zwischen Leguminosenarten und -sorten sowie die Einflussfaktoren des Standorts (Niederschläge, N-Angebot im Boden) erklären die große Spannbreite der Stickstofffixierleistungen (Tabelle 41). Der Anteil der Stickstofffixierung am Gesamtstickstoffertrag der Körnerleguminosen beträgt bei Sojabohnen ca. 50 % und bei Erbsen und Ackerbohnen zwischen 50 und 80 %.

TAB. 41: *Stickstofffixierleistung von Körnerleguminosen*

	Stickstofffixierleistung in kg N/ha und Jahr	
Körnerleguminosenart	Variationsbreite	Durchschnittswerte
Ackerbohnen	100–450	170
Erbsen	50–300	100
Linsen	30–100	60
Lupinen	50–400	100
Sojabohnen	60–300	100
Wicken	30–180	100
Platterbsen	30–150	80

Quelle: nach mehreren Autoren

7.4.3 Nährstoffbilanz

Der mit den Körnern vom Feld exportierte Stickstoff entspricht in etwa der gesamtpflanzlich fixierten Stickstoffmenge. Bei einem Erbsenkornertrag von 10 dt/ha werden ca. 36 kg N/ha fixiert, was 58 % der gesamtpflanzlichen N-Menge (62 kg N/10dt) entspricht. Die schlagbezogene Nährstoffbilanz zeigt, dass mit den Körnern ein maßgeblicher Anteil des Stickstoffs abgeführt wird. Werden die Körnerleguminosen verkauft, verlassen ca. 40–60 % des gesamtpflanzlichen N den Betrieb. Das bedeutet, dass bei viehloser Bewirtschaftung die N-Bilanz trotz Stickstofffixierleistung der Leguminose negativ ausfallen kann. Nur wenn die fixierte N-Menge größer ist als die durch die Körner entzogene N-Menge, ist der N-Flächenbilanzsaldo positiv. Der häufig negative N-Flächenbilanzsaldo im Körnerleguminosenanbau kann durch den Anbau von Zwischenfrüchten ausgeglichen werden. Bei dem in Tabelle 42 berechneten Beispiel kann durch Einschalten einer Leguminosen-Zwischenfrucht vor der

TAB. 42: *Bereitstellung leicht verfügbarer Nährstoffe durch Stroh, Zwischenfrüchte und Hofdünger*

Kulturarten	Erträge kg/ha	Nährstoffe in kg/ha N	 P_2O_5	 K_2O
ZF: Platterbse, Wicke, Phacelia – gesamte Pflanze inkl. Wurzel	*3.500*	*96 (48)*	*24*	*50*
Ackerbohne (AB) Körner	1.000–4.000	42–168 (21–84)	11–43	14–55
Ackerbohne Stroh	2.000–5.000	24–60	7–17	37–92
Ackerbohne Wurzelmasse	500–3.000	5–30	2–9	3–18
= AB Stroh und Wurzeln	*2.500–8.000*	*29–90 (15–45)*	*8–26*	*40–110*
= AB Gesamtpflanze	3.500–12.000	71–258	19–69	53–165
US: Senfeinsaat in AB	*2.000*	*38*	*29*	*17*
In Pflanzenmasse gebunden		***163–224***	***61–79***	***107–177***
Entzug Winterweizen WW				
Winterweizen 10 % RP ohne Stroh	4.000–6.000	70–105	32–48	24–36
Winterweizen 12 % RP ohne Stroh	4.000–6.000	84–126	32–48	24–36

Quelle: Jost (2003), Köhnlein und Vetter (1953)

RP = Rohprotein; in Klammern: Stickstofffixierleistung: Konservative Schätzung 50 % des Gesamt-N

nachfolgenden Getreidehauptfrucht die N-Versorgung über die Stickstofffixierung in etwa gedeckt werden. Darüber hinaus stellen die Zwischenfrucht, die Stroh- und Wurzelrückstände der Ackerbohne und die Untersaat rasch mineralisierbare Nährstoffmengen zur Verfügung, welche den Bedarf des Weizens bei weitem abdecken.

Bei Verfütterung der Körnerleguminosen werden über den Verkauf der Tiere nur geringe Mengen an Stickstoff aus dem Betrieb exportiert. Dazu folgendes Rechenbeispiel: Ein Schwein mit 110 kg Lebendgewicht benötigt 240 kg Futtermittel (Tabelle 43). Die Futterration besteht aus 57 % Getreide (137 kg), 20 % Erbse (48 kg), 20 % Sojabohnen vom eigenen Betrieb (48 kg) und 3 % Mineralstoffergänzung (7 kg). Über den Verkauf des Schweins werden gesamt etwa 2,75 kg N exportiert, 0,69 kg N davon stammen von der Erbsen-Futterration (ca. ein Viertel der verkauften N-Menge). Unter der Annahme, dass es keine Verluste gibt (z.B. N-Emissionen), bleiben 60 % des N-Gewinns in Form von Wirtschaftsdünger (Kot und Harn) am Betrieb. Bei Phosphor und Kali ist der Anteil deutlich höher, da die Abfuhr über das Fleisch gering ist und bei sachgerechter Düngerlagerung die Verluste minimal sind.

TAB. 43: *N-Anteile der Futtermittel in der Futterration und im Mist*

Futtermittel	FM in %	FM in kg	N im Futtermittel (FM) in %	N im FM in kg	N von FM im Mist in kg*	N im Tier in %
Getreide	57	137	1,77	2,42	1,50	0,92
Erbse	20	48	3,52	1,69	1,00	0,69
Sojabohne	20	48	5,92	2,84	1,70	1,14
Mineralstoffergänzung	3	7	–	–	–	–
Summe	**100**	**240**		**6,95**	**4,20**	**2,75**

Annahme: Rohprotein Sojabohne 37 %, Rohprotein Körnererbse 22 %, Getreide 1,77 % N;
N in Futtermitteln – N-Verkauf Tier = N im Mist, * ohne Verluste

7.5 Ernte und Lagerung

Ackerbohne

Der Mähdrusch der Ackerbohnen erfolgt im Stadium der Vollreife, wenn die Hülsen schwarz und ausgetrocknet sind. Erntereife Bestände weisen nahezu vollständigen Blattabfall, mindestens 50 % schwarze Hülsen mit bräunlichen Körnern und max. noch 10 % grüne Hülsen auf.
Die Kornfeuchte sollte im Bereich von 17–20 % liegen, wenn die Körner gerade nicht mehr mit dem Fingernagel geritzt werden können. Geringere Feuchten haben Bruchkorn zur Folge, höhere Feuchten können zu Quetschungen führen. Besondere Ausrüstungen sind am Mähdrescher nicht erforderlich. Nichtlagernde Bestände lassen sich mit zügiger Vorfahrt dreschen. Schneidwerkverluste sind in Tageszeiten mit einer relativen Luftfeuchtigkeit ≥ 70 % am geringsten. Bei niedriger Dreschtrommeldrehzahl ist der Dreschkorb weit zu öffnen, um Kornbeschädigungen zu vermeiden.
Die Ackerbohnen dürfen für eine sichere Lagerung maximal 13 % Wasser enthalten, da sonst die Gefahr von Schimmelbefall besteht.

Erbse

Der Drusch der Erbsen erfolgt bei Vollreife, wenn die Blätter und die Stängel im Bestand abgestorben sind. Bei trockener Witterung ist es von Vorteil, am Vormittag zu dreschen, da der Tau das Platzen der Hülsen verhindert. Ein verlust- und beschädigungsarmer Drusch ist unter anderem von der richtigen Mähdreschereinstellung abhängig.
Ein am Boden liegender Erbsenteppich kann nur bei einer ebenen, steinfreien Oberfläche störungsfrei und verlustarm mit dem Mähdrescher aufgenommen werden. Stark lagernde Bestände können aber auch mit Hilfe von Ährenhebern nur schwer aufgenommen werden. Da bei starkem Beikrautdruck eine hohe Verstopfungsgefahr besteht, ist ohne Ährenheber zu dreschen. Die Erbsen dürfen für eine sichere Lagerung maximal 13 % Wasser enthalten, sonst muss künstlich nachgetrocknet werden.

TAB. 44: *Technische Voraussetzungen für den Direktdrusch von Körnerleguminosen*

Allgemeine Bedingungen:
• Ebenes Mikrorelief, keine Steine, Fahrspuren (Häufeldämme) • Beikrautfreie, lückenlose Bestände • Möglichst gleichmäßiger, arttypischer Abreifezustand • Beim Drusch (Tageszeit) ≥ 70 % Luftfeuchte
Einstellung des Mähdreschers:
• Arten- und korngrößenabhängig reduzierte Trommeldrehzahl • Weite (arten-, sortenspezifisch) Korbeinstellung • Vorlauf des Haspels gegenüber Fahrgeschwindigkeit • Höheneinstellung des Schneidwerks optimiert, ggf. Anbau von Ährenhebern, Tischverlängerung, Seitenschneidwerk • Mindestfahrgeschwindigkeit 5–7 km/h • Nachdreschwerk herausnehmen
Prüfung der Druschqualität bei Druschbeginn:
• Auszählung von Kornverlusten • Prüfung von Kornbeschädigungen

Quelle: Aufhammer (1998)

Lupine

Geerntet wird zwischen Mitte August und Anfang September. Die Ernte erfolgt bei Totreife. Die Erntereife ist erreicht, sobald die Pflanze vertrocknet und die Körner in den Hülsen rascheln.

Aufgrund des hohen Hülsenansatzes und der guten Standfestigkeit ist die Ernte mit dem Mähdrescher problemlos möglich, der Ausfall eher gering. Die Erntefeuchte liegt zwischen 14–18 %.

Zu beachten ist, dass die Hülsen beim Dreschen trocken sein müssen, um so einen vollen Ausdrusch zu sichern.

Die Lupinen sind ab einem Feuchtegehalt von 14 % lagerfähig. Eine schonende Trocknung bei einer Temperatur um 35 °C ist in der Praxis meist erforderlich.

Sojabohne

Der optimale Erntezeitpunkt ist ca. Ende September bis Mitte Oktober, wenn die Blätter sich gelb verfärben bzw. abgestorben und abgefallen sind. Die Körner sollen beim Berühren der Hülsen rascheln. Die Kornfeuchte liegt dann bei ca. 12–16 %. Wenn dieser Zeitpunkt versäumt wird, kann es zu Körnerverlusten kommen, da die Hülsen aufspringen.

Folgende Vorgaben sind einzuhalten:

- Fahrgeschwindigkeit von 2–3 km/h
- Tiefere Trommeldrehzahl (400–600 Umdrehungen/min)
- Tiefer Schnitt (Schneidwerk auf ca. 8–10 cm einstellen) damit auch die tief hängenden Hülsen erfasst werden
- Korbabstand vorne: 20–25 mm; Korbabstand hinten: 15–18 mm

Die Lagerung der Sojabohnen ist nur bei einem Wassergehalt von unter 11 % möglich.

Eine Trocknung umgehend nach der Ernte ist daher nötig. Wichtig ist, dass die Trocknung langsam und schonend (Temperatur nicht über 40 °C) durchgeführt wird, damit auch das Wasser aus dem inneren Teil des Kornes entweichen kann.

7.6 Inhaltsstoffe und Verwendung

7.6.1 Körnernutzung als Lebensmittel

Erbsen, Sojabohnen, Linsen, aber auch Ackerbohnen oder Lupinen können in verschiedener Weise als Lebensmittel verwendet werden. Die höchste Bedeutung kommt den Erbsen zu, welche entweder als Trockenspeiseerbsen, als Pflückerbsen oder zur Gefrierkonservierung Verwendung finden. Entsprechend dem Verwertungsziel sind spezifische Anforderungen zu erfüllen. Allgemein gilt, dass die Anforderungen an die innere und äußere Beschaffenheit – Inhaltsstoffe, Korngröße, Verletzungsfreiheit – sehr hoch sind, andererseits aber auch ein entsprechender Preis erzielt werden kann.

7.6.2 Körnernutzung zur Fütterung

Neben fruchtfolgetechnischen Gründen ist der Anbau in tierhaltenden Betrieben für die Futtererzeugung notwendig, da der Zukauf von konventionell erzeugten Körnerleguminosen zur Fütterung limitiert ist und die Eigenproduktion von Le-

TAB. 45: *Korninhaltsstoffe von Körnerleguminosen in % der Korntrockenmasse*

Körnerleguminosen	Rohprotein	Rohfett	Rohfaser	Rohasche
Ackerbohne	29,8	1,6	8,9	3,9
Körnerfuttererbse	25,1	1,5	6,7	3,4
Linse	27,6	1,5	4,6	3,2
Blaue Lupine	33,3	5,7	16,2	3,5
Weiße Lupine	37,3	8,8	13,0	4,0
Gelbe Lupine	43,8	5,7	16,8	4,9
Platterbse	24,7	2,0	5,4	2,7
Saatwicke	26,6	1,4	4,9	3,4
Sojabohne	39,8	20,3	6,2	5,4

Quelle: nach DLG (1997)

TAB. 46: *Aminosäurenzusammensetzung des Proteins der Leguminosensamen in g Aminosäure / 16 g N*

Aminosäure	Körner-erbse	Acker-bohne	Weiße Lupine	Gelbe Lupine	Blaue Lupine	Soja-bohne	Linse	Saat-wicke
Lysin	7,3	6,3	5,6	6,1	5,2	6,4	8,0	6,7
Methionin	0,8	0,7	2,8	3,1	2,3	1,3	0,7	1,7
Cystin	1,0	0,7	2,8	3,1	2,3	1,3	0,9	0,7
Tryptophan	1,5	1,0	0,9	0,9	0,9	1,3	1,2	1,6
Treonin	3,8	3,9	4,1	4,0	3,5	3,9	4,3	3,2
Isoleucin	4,2	16,2	5,1	4,6	3,8	4,5	4,6	3,8
Leucin	7,0	7,6	8,5	9,0	6,6	7,8	7,6	7,1
Phenylalanin	4,4	3,9	8,9	6,9	7,1	4,9	5,2	3,9
Valin	4,7	4,8	4,9	4,3	4,0	4,8	5,0	4,2

Quelle: Schuster et al. (1998)

guminosen aus energetischen und anderen Gründen den importierten Eiweißfuttermitteln vorzuziehen ist. Körnerleguminosen sind insbesondere in der Schweine- und Geflügelfütterung ein wichtiger Bestandteil. Die unterschiedlichen Inhaltsstoffkonzentrationen unterliegen zum Teil erheblichen Abweichungen von Standardwerten (Tabelle 45, Tabelle 46), weshalb Untersuchungen als Grundlage für die Futterrationen zu empfehlen sind.

Ackerbohne

Der Futterwert der Ackerbohne entspricht annähernd dem der Erbse, nur der Rohproteingehalt ist höher. Bei der Ackerbohne ist der tiefe Methioningehalt hervorzuheben, der wie bei den Erbsen den Futterwert schmälert.
Bei Milchkuhrationen liegen die Empfehlungen zwischen 2 und 4 kg je Tier und Tag. Bei Mastbullen sollte die Höchstgrenze von 2 kg je Tier und Tag nicht überschritten werden. Wichtig ist noch darauf zu achten, dass es nicht zu einer Unterversorgung mit Methionin und Cystin kommt.

Erbse

Erbsen können in der Fütterung für Rinder, Geflügel und Schweine eingesetzt werden. Sie sind sehr stärkereich und enthalten im Vergleich zu Lupinen weniger Rohprotein. Erbsen sind gut verdaulich. Sie enthalten Bitterstoffe, weshalb ihr Anteil in der Futterration limitiert ist. Auch ihr geringer Methioningehalt ist ein limitierender Faktor.

TAB. 47: *Empfohlene Höchstmengen für Körnerleguminosen in Schweine- und Geflügelrationen (Menge in % der Gesamt-Trockenmasse je Tier und Tag)*

Körnerleguminosenart	Leere/tragende Sauen	Laktierende Sauen	Mastschweine	Ferkel	Legehennen	Geflügelaufzucht	Mastgeflügel
Erbse	20	20	20–30	10	20–30	20–30	30
Ackerbohne	10	10	20	10–15	10–20	15	25
Weiße Lupine	10–15	10–15	15	10–15	10–20	20	20
Sojabohne	20	20	20	*	15	10	20

Quelle: Zollitsch et al. (2002)

* beschränkt einsetzbar

In der Rinderfütterung gelten folgende Empfehlungen: Die Tagesration bei Milchkühen sollte 4 kg nicht übersteigen. Bei Mastrindern werden nicht mehr als 2,5 kg Erbsen am Tag verfüttert. Bei einem mittleren Leistungsniveau können Erbsen als alleinige Eiweißkomponente eingesetzt werden. Wenn höhere tägliche Zunahmen gewünscht werden, sind die Erbsen mit Soja- und/oder Rapsextraktionsschrot zu kombinieren.
Die Erbse erreicht annähernd die gleichen Energiewerte der Sojabohnen.
Je nach Sorte liegen die Energiewerte von Erbsen bei Mastrindern und Milchkühen zwischen 13,28 und 13,33 MJ ME sowie 8,33 und 8,36 MJ NEL. Ungeschälter und dampferhitzter Sojaextraktionsschrot erreicht 13,75 MJ ME und 8,63 MJ NEL (DLG 1999). Bei den Schweinen reichen die Energiewerte der Erbsensorten von 15,67 bis 15,95 MJ ME. Hier liegen die ebenfalls wie oben aufbereiteten Sojabohnen bei 14,8 MJ ME (DLG 1999). Die Energiewerte für das Geflügel reichen von 12,82 bis 13,49 MJ ME, die von Sojaschrot liegen bei 9,9 MJ ME.

Lupine

Süßlupinen sind fett- und faserreicher als Erbsen und Ackerbohnen. Sie haben höhere Rohproteinwerte und weisen ein günstigeres Aminosäurenmuster auf. Das Fehlen von in der Tierernährung unerwünschten Begleitstoffen wie Tanninen und Proteaseinhibitoren macht die Lupine zu einem interessanten Futtermittel.

Der N-Gehalt im Korn der Weißen Lupine beträgt ca. 5,7 %, der Rohproteingehalt ca. 37 % (Gelbe Lupine 44 %, Blaue Lupine 33 %). Entscheidend für den Anteil in der Futterration sind die Leistungsrichtung und -höhe. Bei den Milchkühen liegt der Anteil in der Kraftfuttermischung bei 20 %, bei Mastbullen kann der Anteil bis auf 30 % erhöht werden.

Sojabohne

Die Sojabohne hat den höchsten Eiweißgehalt (ca. 40 %) innerhalb der Familie der Leguminosen. Ihr Eiweiß ist in seiner Aminosäurenzusammensetzung so ausgewogen, dass sie als alleinige Eiweißquelle für die menschliche Ernährung ausreichen würde.

Sie enthält alle acht lebenswichtigen Aminosäuren. Das Sojaöl zählt wegen seinem sehr hohen Anteil mehrfach ungesättigter Fettsäuren auch zu den wertvollsten Speiseölen. Das Sojaöl ist palmitinsäurearm sowie öl- und linolsäurereich. In der menschlichen Ernährung finden folgende Sojaprodukte Verwendung: Speiseöle, Margarine, Sojaeiweiß, Sojamilch, Sojasamen, Sojakeimlinge und Tofu.

In der Schweine- und Geflügelfütterung sind rohe Sojabohnen nicht zugelassen. Die Sojabohne enthält Trypsin und andere Hemmfaktoren der Verdaulichkeit, die mittels Toasten (Behandlung mit heißem Wasserdampf) oder Extrusion (Zerquetschen der Samen durch eine Schneckenpresse, es entstehen kurzzeitige hohe Temperaturen) beseitigt werden können. Durch diese Behandlungen werden eine bessere Verdaulichkeit und Verwertbarkeit des Proteins erreicht.

In der Rinderfütterung können auch ungetoastete Sojabohnen eingesetzt werden, da die Wiederkäuer in der Lage sind, das Eiweiß aufzuschließen.

Geschrotete Bohnen sind aufgrund des hohen Fettgehalts (sie können schnell ranzig werden) nur sehr kurz lagerfähig. Rationen sind deshalb nur für maximal 2–3 Tage vorzuschroten.

7.6.3 Ganzpflanzensilage

Für die Silagenutzung werden Körnerleguminosen im Gemenge mit nicht legumen Pflanzenarten entweder im Frühjahr oder über Winter angebaut. Die Qualitätsanforderungen bestehen in der Produktion hoher Sprossmassen mit ansprechenden Energie- und Rohproteingehalten. Besonders geeignet ist die Ackerbohne. Die Sorten von Lupinen und Sojabohnen müssen alkaloidarm sein. Im Sommer angebaute Körnerleguminosen werden mit Sonnenblumen, Mais, Hafer oder Gräsern gemischt. Zu beachten sind die jeweils unterschiedlichen Wuchstypen. Auch Alexandriner- oder Perserklee können ergänzt werden. Die Ernte erfolgt bei einem TM-Gehalt von 25 %, bevor die Blattmasse abzusterben beginnt und die Leguminosen noch grün sind (Aufhammer 1998). Im Herbst werden Roggen und Winterwicke (Zottelwicke) eingesät. Der Bestand kann frühzeitig im Folgejahr vor allem als Grünschnitt ein energiereiches Futter liefern und erlaubt danach noch den Anbau von Mais, Kartoffeln, Sonnenblumen oder Feldgemüse. Sojabohnen können auch als Ganzpflanzen für die Heu-, Silage- und Grünfuttergewinnung genutzt werden. Allerdings ist der Biomasseertrag gegenüber den anderen Körnerleguminosen geringer.

7.6.4 Saatguterzeugung

An die Saatguterzeugung werden hohe Anforderungen gestellt. Die Großkörnigkeit der Leguminosen macht sie besonders empfindlich gegenüber mechanischen und physikalischen Einflüssen.

Die ungleichmäßige Abreife erschwert den Trocknungsprozess.

8 Beschreibung der Körnerleguminosen

8.1 Die wichtigsten Körnerleguminosen

8.1.1 Ackerbohnen

Die Ackerbohne gehört innerhalb der Familie der Leguminosen zur Gattung *Vicia*. Sie ist eine eiweiß- und energiereiche Futterpflanze.

Im biologischen Landbau wird sie in der Fütterung der Wiederkäuer, Schweine und Geflügel eingesetzt. Als Blattfrucht hinterlässt sie einen garen und mit Stickstoff angereicherten Boden.

8.1.1.1 Systematik, Herkunft und Bedeutung

Die Ackerbohne ist eine sehr alte Kulturpflanze. Die ältesten archäologischen Funde von kleinkörnigen *Vicia faba*-Samen stammen aus der Zeit von 6.500 bis 6.000 v. Chr. (Fundstelle nahe Nazareth/Israel).

Der Zeitpunkt der Domestikation der Ackerbohne ist nicht genau bekannt, er dürfte jedoch in die Jungsteinzeit zurückreichen. Das primäre Formenmannigfaltigkeitszentrum liegt für wildwachsende *Vicia faba*-Formen in Afghanistan und im südlichen Mittelasien.

Nach der Samengröße wird die Formenmannigfaltigkeit von Hegi (1964) unterteilt in:

- **1. var. *Minor* (kleinsamig):** Kleine Ackerbohne, Samen rundlich 5,5 bis 13 mm lang; Tausendkorngewicht von 350 bis 600 g.
- **2. var. *Equina* (mittelgroß):** Große Ackerbohne oder Pferdebohne. Samen 15 bis 20 mm lang, 12 bis 15 mm breit und 5 bis 8 mm dick, häufig mit eingefallenen Seitenflächen; Tausendkorngewicht 650 bis 1.600 g.
- **3. var. *Major* (großsamig):** Puffbohne oder Saubohne, wird als Gemüsebohne genutzt. Samen 25 bis 35 mm lang, 20 bis 30 mm breit und nur 8 bis 10 mm dick; Tausendkorngewicht 1.200 bis 2.000 g.

Die große Bedeutung der Ackerbohne für die Landwirtschaft weltweit liegt in ihrer guten Anpassungsfähigkeit an wechselnde Umweltbedingungen und ihrem hohen Ertragspotential. Großsamige Sorten werden nur im Gemüsebau verwendet. Die größte wirtschaftliche Bedeutung der Ackerbohne liegt in der Verfütterung der trockenen Samen (der klein- und mittelkörnigen Ackerbohnen) in Form von Schrot in entsprechenden Futtermittelmischungen. Als Gründüngungspflanze wird die Ackerbohne als Mischungspartner zur zusätzlichen Futtergewinnung im Gemenge mit Erbsen, Wicken oder Platterbsen als Stützpflanzen eingesetzt.
Für den Anbau sind Sorten mit einer guten Standfestigkeit, einer schnellen Jugendentwicklung und Widerstandsfähigkeit gegen Blattkrankheiten zu bevorzugen. Das Sortenspektrum ist allerdings zurzeit sehr eng. Kultiviert werden Sommer- und Winterackerbohnen, wobei letztere derzeit von geringer Bedeutung sind. Die Ackerbohne wird so wie die Erbse auch nach Wuchstypen unterschieden (Tabelle 48).

TAB. 48: *Verschiedene Wuchstypen der Ackerbohne und deren Eigenschaften*

Wuchstyp	Eigenschaften
INDETERMINIERTER TYP	
• Entwicklung von Blütenständen vom 5.–20. Nodium • Fortgesetzte Entwicklung vegetativer Einheiten teils mit Blüten • Geringe Verzweigungsneigung (ausgenommen: semidwarf-Typen)	• Erhebliche Beschattung blüten- bzw. hülsentragender Nodien in fortgeschrittenen Entwicklungsstadien • Lange Blühdauer, ungleichmäßige Abreife • Unter anhaltend feuchten Bedingungen große Wuchshöhen • Hohe Kornerträge möglich
DETERMINIERTER (TOPLESS-) TYP	
• Entwicklung von Blütenständen nur an 4–6 apikalen Nodien bei geringer Streckung der apikalen Internodien • Über dem obersten Blütenstand Absterben des Haupttriebs • Teils nach Abschluss des Haupttriebwachstums basaler Seitenknospenaustrieb	• Sehr günstige Lichtaufnahmebedingungen für die blüten- bzw. hülsentragende Nodien • Etwas geringere Wuchshöhe als beim indeterminierten Typ • Späte Abreife, Ernteprobleme aufgrund noch grüner Seitentriebe • Begrenzte Kornerträge
SEMIDETERMINIERTER TYP	
• Entwicklung von Blütenständen an 4–6 apikalen Nodien • Etwas stärkere Streckung der apikalen Internodien, oberster Blütenstand bildet nur eine einzige, rudimentäre Blüte je Hülse • Reduzierte Verzweigungsneigung	• Günstige Lichtaufnahmebedingungen • Gegenüber dem determinierten Typ höhere Kornerträge möglich • Gegenüber dem determinierten Typ etwas frühere Abreife • Wuchshöhe etwa wie determinierter Typ
STABIL-TYP	
• Schmalblättriger, kurzer Wuchstyp, relativ kurze Internodien • Indeterminierter Wuchstyp, aber oberhalb des obersten Blütenstands sehr verhaltene vegetative Weiterentwicklung • Geringe Verzweigungsneigung	• Bessere Lichtaufnahme blüten- bzw. hülsentragender Nodien in der Basal- und Zentralregion in fortgeschrittenen Entwicklungsstadien • Relativ kurze Blühdauer, gleichmäßigere Abreife • Gute Standfestigkeit • Hohe Kornerträge möglich

Quelle: Aufhammer (1998)

TAB. 49: *Schadbild, Übertragungswege und vorbeugende Maßnahmen der wichtigsten Schaderreger der Ackerbohnen*

Schaderreger	Schadbild	Vorbeugende Maßnahmen
Schokoladen-flecken-krankheit *(Botrytis fabae)*	Zwei unterschiedlichen Formen: Nach der Blüte weisen die Blätter kleine, scharf begrenzte braune Flecken auf, deren Zentrum hell glänzt. Das Schadbild ist auf beiden Blattseiten sichtbar. Bei feuchtwarmer Witterung entsteht die zweite, aggressive Form der Krankheit. Die Flecken sind groß und graubraun. Zusammenfließende Flecken besonders an den unteren und alternden Blättern bringen die Blätter zum Absterben. Auch auf Stängeln und Hülsen entstehen Flecken und die Hülsen bleiben in ihrer Entwicklung zurück.	• Für eine rasche Verrottung der Ernterückstände sorgen • Kein Anbau auf verdichteten und staunassen Böden • Weitgestellte Fruchtfolge und weite Entfernung von Flächen kranker Bestände des Vorjahres • Nicht zu dicht säen • Frühzeitiger Anbau und frühe Ernte
Brennflecken-krankheit *(Ascochyta fabae)*	Auf Blättern und Hülsen, seltener auf Stängeln treten ca. 1 cm große dunkelbraun begrenzte Flecken auf. Im hellen Zentrum sind kleine schwarze Punkte (Sporenbehälter) zu sehen. Die Hülsen zeigen tiefer eingesunkene Flecken. Der Hülsenbefall ist sehr gefährlich, da der Pilz durch die Hülsen wächst und die Samen befällt.	• Weitgestellte Fruchtfolge • Optimales Saatbett (im Herbst für schnelle Verrottung der Pflanzenrückstände sorgen) • Verwendung von gesundem (anerkanntem) Saatgut
Acker-bohnenrost *(Uromyces vicia - fabae)*	Zu Beginn erscheinen hellbraune Sommersporenlager, später entstehen ovale dunkelbraune bis schwarze, glänzende Wintersporenlager.	• Für eine rasche Verrottung der Pflanzenbestände sorgen (Stoppelsturz und unterpflügen) • Frühzeitiger Anbau und nicht zu enger Standraum • Weite Entfernung von Flächen kranker Bestände des Vorjahres
Schwarze Bohnenlaus *(Aphis fabae)*	Befallene Blätter rollen sich ein, die Triebspitzen verkümmern. An allen Pflanzenteilen siedeln sich schwarze Blattlauskolonien an. Auf den klebrigen Ausscheidungen der Läuse („Honigtau") wachsen Schwärzepilze.	• Frühzeitiger Anbau • Optimales Saatbett • Förderung natürlicher Gegenspieler (z.B. Marienkäfer, Florfliege) durch Anlegen von Ackerschonstreifen • Gemenge mit Hafer (Befallsminderung) – nicht anzuwenden bei Problemen mit dem Stockälchen!
Stockälchen *(Ditylenchus dipsaci)*	Vergilbungen an den befallenen Pflanzen, Verdrehungen der Stängel, eine Deformierung der Blätter und eine Schwarzverfärbung an der Stängelbasis. Die Pflanze blüht kaum, die Hülsen sind klein und deformiert.	• Verwendung von gesundem (anerkanntem) Saatgut • Weitgestellte Fruchtfolge • Sorgfältige Beikrautbekämpfung

* Vektoren: Übertragung durch Pflanzen, Tiere und Menschen.
Vehikeln: Übertragung durch Wind und Wasser;
+ = zutreffend, - = nicht zutreffend/keine Bedeutung

Quelle: nach mehreren Autoren
(u.a. Berger et al. 1989)

Samen-bürtig	Boden-bürtig	Andere Über-tragungswege	Fördernde abiotische Befallsfaktoren	Vektoren/ Vehikeln*	Wirts-pflanzen
+	+	Überdauerung an Pflanzen rückständen	Hohe Luftfeuchtigkeit	Wind, Regen	Ackerbohne, Erbse, Wicke, Linsen, Gartenbohnen
+	-	Überdauerung an Pflanzen rückständen	Feuchte, kühle Witterung	Wind, Regen	Ackerbohne, Erbse
-	-	Überdauerung an Pflanzen-rückständen	Hohe Luftfeuchtigkeit; feuchte Witterung	Wind	Ackerbohne, Erbse
-	-	Überwinterung an Winterwirten	Trockene, warme Witterung	Wind	Winterwirt: Pfaffenhütchen, ev. Schneeball, Falscher Jasmin; Sommerwirt: Ackerbohne, Beta-Rübe, Sonnenblume, Beikräuter u.a.
+	+	In Pflanzen-rückständen	-	-	Roggen, Hafer, Mais, Klee, Tabak, Beta-Rübe, Ackerbohne, Raps u.a.

8.1.1.2 Boden und Klima

Die Ackerbohne bevorzugt tiefgründige, mittelschwere und nährstoffreiche Böden. Sie hat hohe Ansprüche an eine gute Wasserversorgung. Auf leichten Böden ist eine gleichmäßige Verteilung der Niederschläge von Vorteil. Zum Zeitpunkt der Blüte und der Kornausbildung sind die Wasseransprüche am höchsten. In Höhenlagen ab 500 m ist mit Ernteverzögerungen und niedrigeren Erträgen zu rechnen. Der optimale pH-Wert für Ackerbohnen liegt zwischen 6,5 und 7,3. Auf sauren Böden nimmt die Stickstofffixierleistung ab. Die Ackerbohne ist an das mitteleuropäische Klima gut angepasst. Sie reagiert empfindlich auf extreme Temperatur- und Niederschlagsschwankungen. Die Frostverträglichkeit ist gut, daher sind sehr frühe Aussaaten (Februar) möglich. Nach der Vegetationsdauer wird zwischen Sommerackerbohnen und Winterackerbohnen unterschieden. In der Regel werden Sommerackerbohnen angebaut. Winterackerbohnen benötigen milde Lagen unter 600 m Meereshöhe. Winterackerbohnen haben den Vorteil, dass sie im Winter den Boden abdecken und früher geerntet werden können.

8.1.1.3 Schaderreger und deren Regulierung

Auch bei den Ackerbohnen sind die samen- und bodenbürtigen Schaderreger maßgeblich für die Selbstunverträglichkeit verantwortlich. Die Krankheiten und Schädlinge lassen sich nach dem Übertragungsweg einteilen in fruchtfolge- und standortbezogene – wie samenbürtige, bodenbürtige, an Pflanzenresten überdauernde – sowie über Nachbarflächen oder über Vektoren (z. B. Blattläuse) einwandernde Organismen. Zu den wichtigsten Krankheiten zählen die Schokoladenfleckenkrankheit und die Brennfleckenkrankheit. Wegen des späten Auftretens von Ackerbohnenrost ist die Krankheit wirtschaftlich eher unbedeutend. In wärmeren Gebieten, bei zu später Aussaat und bei sehr ungünstigen Witterungsbedingungen können aber hohe ökonomische Verluste entstehen. Bei den Schädlingen ist der Ackerbohnenkäfer (die Bekämpfung erfolgt entsprechend dem Erbsenkäfer, Tabelle 49) und die Schwarze Bohnenlaus zu nennen. Die schwarze Bohnenlaus ist der bedeutendste Schädling der Ackerbohne. Diese Blattlausart ist auch der Überträger einer Reihe von Virosen. Der Befall durch das Stockälchen wird meistens durch verseuchtes Saatgut hervorgerufen.

8.1.2 Erbsen

Die Erbse ist die am häufigsten angebaute Körnerleguminose im biologischen Landbau, da ihr Anbau auf einem breiten Spektrum von Standorten möglich ist und sie sowohl in der menschlichen als auch tierischen Ernährung die größte Verbreitung findet.

8.1.2.1 Systematik, Herkunft und Bedeutung

Die Erbse zählt zu den ältesten Kulturpflanzen der Alten Welt. Erbsen werden heute weltweit angebaut. Verantwortlich dafür sind die ernährungsphysiologisch günstigen Eigenschaften.
Älteste Funde im Nahen Osten und in Südosteuropa stammen aus der Zeit um etwa 7.000 v. Chr., das Mannigfaltigkeitszentrum der Erbse liegt in Mittel- und Vorderasien, im Mittelmeerraum und Äthiopien. In Mitteleuropa wird ausschließlich *Pisum sativum* angebaut, eine Kulturform, die aufgrund ihrer Nutzungseigenschaften in mehrere Konvarietäten unterteilt wird (Tabelle 50).

TAB. 50: *Konvarietäten der Erbse* (Pisum sativum *ssp.* sativum) *und deren Verwendung*

Konvarietät	Deutscher Name	Körner	Verwendung
convar. *speciosum* oder *Pisum arvense* L	Grünfuttererbse Futtererbse oder Peluschke	Dunkelsamig, kleinkörnig	• Flächenbegrünung, Zwischenfruchtanbau • Ernte der Gesamtpflanze im Gemenge als Silage • tierische Ernährung • auch zur Fütterung geeignet
convar. *sativum*	Trockenspeise- oder Körnererbse	Großkörnig, rundsamig	• Menschliche und tierische Ernährung
convar. *medullare*	Markerbse	Runzelig, kleinkörnig, grünsamig	• Ernte der noch unreifen, grünen Samen (Konserven)
convar. *axiphium* convar. *medullo-saccharatum*	Zuckererbse und Zuckermarkerbse	Glatt, großkörnig, farblos–mehrfarbig	• Ernte der noch unreifen, grünen Samen • (Gemüseerbse)

Quelle: Keller et al. (1999)

TAB. 51: *Schadbild, Übertragungswege und vorbeugende Maßnahmen der wichtigsten Schaderreger der Erbsen*

Schaderreger	Schadbild	Vorbeugende Maßnahmen
Keimlings- und Auflaufkrankheiten *(Fusarium subsp., Ascochyta subsp., Rhizoctonia subsp.* und *Sclerotinia sclerotiorum)*	Ungleichmäßiges und lückiges Auflaufen der Saat; hellbraune Verfärbungen kurz oberhalb der Keimblätter	• Weitgestellte Fruchtfolge • Anbau von Zwischenfrüchten • Frühzeitiger Anbau • Optimales Saatbett • Richtige Sortenwahl
Ascochyta-Fusskrankheiten und Ascochyta-Brennfleckenkrankheiten *(Ascochyta pisi Lib., A. pnodes L. K. Jones* und *A. pinodella L. K. Jones)*	Schwarzbraune, fleckige Verfärbungen von der Wurzel bis zur Stängelbasis (Brennflecken)	• Verwendung von gesundem (anerkanntem) Saatgut • Weitgestellte Fruchtfolge • Flaches Einarbeiten der Ernterückstände (Förderung einer intensiven Verrottung)
Blattrollkrankheit der Erbse (Bean leaf roll virus, BLRV)	Beginn: Aufhellungen im Bereich der Triebspitzen, an den Blatträndern und zwischen den Blattadern. Später Vergilbung der ganzen Pflanze. Blätter stehen im spitzen Winkel nach oben und sind blattunterseitig eingerollt	• Früher Anbau • Keine Leguminosenbestände auf Nachbarflächen • Anwendung von Schmierseife: wirkt als natürliches Insektizid gegen die Blattläuse
Erbsenrost *(Uromyces pisi-sativi)*	An der Blattober- und -unterseite und auch an den Stängeln braune Rostpusteln	• Frühzeitiger Anbau • Richtige Sortenwahl

* Vektoren: Übertragung durch Pflanzen, Tiere und Menschen.
Vehikeln: Übertragung durch Wind und Wasser; **ZW: Zwischenwirt
+ = zutreffend, - = nicht zutreffend/keine Bedeutung

Quelle: nach mehreren Autoren (u.a. Berger et al. 1989)

Samen-bürtig	Boden-bürtig	Andere Übertragungswege	Fördernde abiotische Befallsfaktoren	Vektoren/ Vehikeln*	Wirts-pflanzen
+	+	-	Staunässe, kühle Witterung, Bodenverkrustung	-	Raps (bei Sclerotinia)
+	-	Überdauerung an Pflanzenresten 4–5 Jahre. Überwinterung auf befallenen Erbsenblättern	Kühle Witterung, Hohe Luftfeuchtigkeit	Wind, Wasser, mechanische Verschleppung	Leguminosen
-	-	-	-	Blattläuse	Erbse, Ackerbohne, Luzerne, Weiß- und Rotklee
-	-	Überwinterung im Zwischenwirt	Warme Witterung	Wind	Erbse, **ZW: Zypressen Wolfsmilch

Schaderreger	Schadbild	Vorbeugende Maßnahmen
Erbsenkäfer *(Bruchus pisorum* L.*)*	An den sich entwickelnden Hülsen sind kleine weißliche Eier erkennbar, aus denen die Larven schlüpfen und sich senkrecht in die Hülsen einbohren. Kurz vor der Ernte erscheinen an den Hülsen kreisrunde Ausbohrlöcher. In den Samenkörnern finden sich zylindrische runde, tiefreichende Löcher.	• Tiefes Unterpflügen der ausgefallenen Saat • Frühreifende Sorten verwenden
Gestreifter Blattrandkäfer *(Sitona lineatus* L.*)*	Die Blätter weisen halbkreis- oder bogenförmige Ausschnitte an den Rändern auf. An den Wurzeln fressen im Bereich der Knöllchenbakterien weiße beinlose 6 mm lange Larven mit dunkler Kopfkapsel	• Weitgestellte Fruchtfolge • Großräumliche Abstände der Anbauflächen mit legumen Wirtspflanzen
Grüne Erbsenblattlaus *(Acyrthosiphon pisum Harris)*	Saugschäden, vor allem an den Triebspitzen der jungen, wachsenden Blätter. Geschädigt wird der Fruchtansatz mit nachfolgendem Blüten- und Hülsenabwurf. Die hellgrünen Läuse werden etwa 4 mm lang und besitzen lange, schlanke Hinterleibsröhren	• Frühzeitiger Anbau • Räumliche Trennung von Luzernebeständen • Förderung natürlicher Gegenspieler (Marienkäfer, Blattlauswespen) • Anwendung von Schmierseife
Erbsenwickler *(Cydia nigricana)*	Das Hülseninnere enthält angefressene Samen sowie Gespinstreste, zahlreiche Kotkrümel und meist noch eine 8 bis 10 mm große gelblich-weiße Raupe. Befallene Hülsen können häufig sekundär verpilzen	• Großer Abstand zu Vorjahresfelder (Falter kann höchsten 2–3 km fliegen) • Frühzeitiger oder sehr später Anbau • Tiefe Bodenbearbeitung nach der Ernte (um Kokons zu zerstören) • Aufstellen von Pheromonfallen, um Befallsgrad zu kontrollieren
Erbsenzystenälchen *(Heterodera göttingiana)*	Nesterweiser Kümmerwuchs, vergilbte Blätter, hellgelbe oder weiße Zysten an den Wurzeln	• Weitgestellte Fruchtfolge • Verwendung von gesundem (anerkanntem) Saatgut

Samen-bürtig	Boden-bürtig	Andere Übertragungswege	Fördernde abiotische Befallsfaktoren	Vektoren/ Vehikeln*	Wirtspflanzen
+ (als Imago)	+ (als Imago)	-	Warme, trockene Witterung	-	Erbse
-	+ (als Imago)	Überwinterung in Grasnarbe, Bodenstreu u. ä.	Kühle, trockene Frühjahrs-Witterung	-	Erbse, Ackerbohne, Wicke, Klee, Luzerne
-	-	Überwinterung an winterharten Leguminosen (im Eistadium)	-	Zuflug mit Wind	Leguminosen
-	+ (im Kokon)	-	Trocken-warme Witterung	-	Erbse
-	+	-	-	-	Erbse, Ackerbohne, Lupine, Linse, Wicke, Luzerne

Der Futterertrag, die Stickstofffixierleistung, die Konkurrenzkraft gegenüber Beikräutern und die Anfälligkeit gegenüber Krankheiten sind die wichtigsten Merkmale für die Sortenwahl im Erbsenanbau.
Die Wuchshöhe und der Wuchstyp von Erbsen spielen dabei eine entscheidende Rolle.
Die Grünfuttererbse (auch Futtererbse oder Peluschke) gewinnt im biologischen Landbau zunehmend als Gemengepartner an Bedeutung, da sie sich wegen ihres starken vegetativen Wuchses gegen Beikräuter besser durchsetzen kann als die Körnererbse.
Bei der Körnererbse werden drei Wuchstypen unterschieden, deren Anbau mit spezifischen Vor- und Nachteilen verbunden ist (Tabelle 52). Die Vor- und Nachteile der Körnererbsen-Wuchstypen sind natürlich standort- und witterungsspezifisch zu bewerten. Z.B. sind auf trockenen Standorten Erbsenpflanzen des Rankentyps auf Grund ihres geringeren Wasserbedarfs gegenüber dem Blatttyp im Vorteil.
Wintererbsen spielen derzeit im Anbau noch eine geringe Rolle. Halbblattlose und normalblättrige Wintererbsen sind jedoch interessante Anbaualternativen.
Ökologische Vorteile gegenüber dem Sommeranbau bestehen dort, wo vor der Sommerung in der Fruchtfolge kein Zwischenfruchtanbau möglich ist. Bodenbedeckung und Erosionsschutz, Nährstoffaufnahme und Beikrautunterdrückung sind somit auch über den Winter gewährleistet.
In der Fruchtfolge erweitern die Wintererbsen den Handlungsspielraum, ihr Ertragspotential liegt über dem der Sommererbsen (Körnerertrag 50 dt/ha, Grünfutterertrag liegt im Bereich anderer Futtergemenge).
Die Inhaltsstoffkonzentrationen von Cystein und Lysin der Wintererbse sind mit denen der Sommererbse vergleichbar.
Gemenge mit Triticale und Winterroggen mindern das Lagerrisiko der bis zu 2,5 m hohen Pflanzen (Graß et al. 2004).
Neben der Körnernutzung kann die Wintererbse in Reinsaat und im Gemenge mit den Getreidearten auch als Grünfutterpflanze für die Silierung Verwendung finden.

Linse

Linse

Platterbse

Saatwicke

Zottelwicke

Zottelwicke

TAB.52: *Verschiedene Wuchstypen der Körnererbse und deren Vor- und Nachteile*

Wuchstyp	Vorteile	Nachteile
BLATTTYP 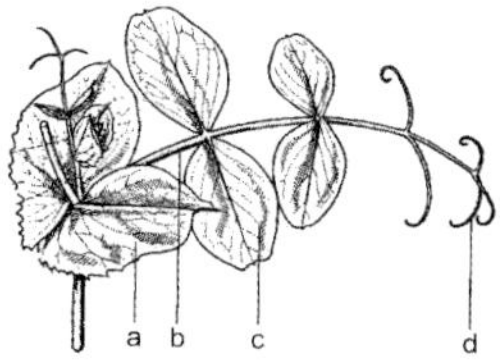	• Bessere Bodenbedeckung • Hohe Konkurrenzkraft gegenüber Beikräutern • Höhere Photosyntheseleistung • Höhere Stickstofffixierleistung	• Mangelnde Standfestigkeit, frühzeitiges Lagern • Drusch ist schwierig, da Bestand in der Reife in sich zusammenfällt • Höherer Wasserbedarf
HALBBLATTLOSER TYP 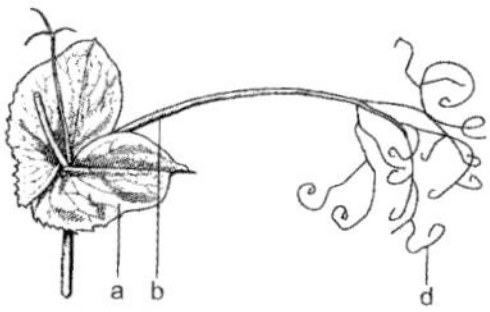	• Bessere Standfestigkeit, geringere Lagerneigung • Einfachere Ernte; geringerer Krankheitsbefall durch bessere Durchlüftung • Bessere Ertragsstabilität	• Höhere Spätverbeikrautung • Höhere Saatmenge
RANKEN-TYP 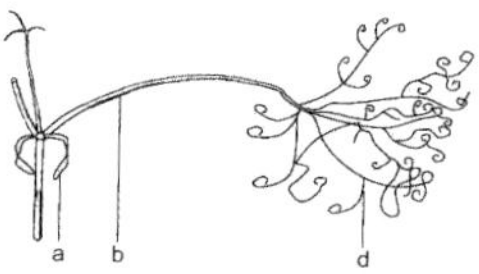	• Bessere Standfestigkeit, geringere Lagerneigung • Einfachere Ernte • Geringerer Krankheitsbefall durch bessere Durchlüftung • Schnellere Abtrocknung der Bestände • Geringerer Wasserbedarf	• Höhere Spätverbeikrautung • Geringere Photosyntheseleistung • Geringere Stickstofffixierleistung • Geringere Wachstumsraten, reduzierter Kornertrag • Höhere Saatmenge

Quelle Bilder: Diepenbrock (1999)

a = Stipel, b = Blattachse, c = Fiederblättchen, d = Ranken

8.1.2.2 Boden und Klima

Erbsen gedeihen am besten auf tiefgründigen, humusreichen, milden Lehm- und Lössböden mit guter Wasserversorgung. Auf sehr leichten Sandböden mit geringen Niederschlägen ist Erbsenanbau nur über Beregnung möglich. Schwere und tonige Böden sind weniger geeignet, da die Bodenstruktur und eine mögliche Staunässe eine ausreichende Bodendurchlüftung nicht gewährleisten, worauf Erbsen besonders empfindlich reagieren. Das Optimum des pH-Wertes liegt zwischen 6,2 und 7,0. Die Erbse verträgt ein relativ breites Temperaturspektrum. Die Frosttoleranz reicht während der Keimung und Jugendentwicklung bis -5 °C.

8.1.2.3 Schaderreger und deren Regulierung

Die häufigsten Krankheiten im Erbsenanbau sind Keimlings- und Auflaufkrankheiten, Ascochyta-Fuß- und -Brennflecken- und die Blattrollkrankheiten. Der Erbsenrost ist hauptsächlich bei Spätsaaten zu befürchten und tritt erst kurz vor der Abreife in Erscheinung. Bei den Schädlingen sind an erster Stelle der Blattrandkäfer, der Erbsenkäfer, die Erbsenblattlaus und der Erbsenwickler zu nennen. Die Schädlichkeit des Blattrandkäfers wird weniger im Blattverlust durch den Käferfraß gesehen, sondern vielmehr durch den Fraß der Larven an den Bakterienknöllchen. Dies schwächt die Pflanzen, verringert den Ertrag und mindert die Stickstoffbindung. Eine weitgestellte Fruchtfolge und die räumliche Trennung von anderen Leguminosenwirtspflanzen gelten derzeit als die wichtigsten Gegenmaßnahmen. Erbsenwickler und -käfer beeinträchtigen die Qualität der Erbsen, die Erbsenblattläuse haben vor allem starken Einfluss auf die Ertragsleistung. Die Blattlausdichte, Dauer und Zeitpunkt des Befalls im Erbsenbestand ist von den Standortbedingungen (Klima, Boden) abhängig. Bei trockener und warmer Witterung vermehren sich die Blattläuse stärker als bei kühlen und feuchten Verhältnissen. Ein hohes Stickstoffangebot im Boden (Überdüngung, hohes N-Mineralisationspotential) kann ebenso wie Nährstoffmangel zu einer Steigerung der Befallsstärke führen. Auch der Anbauzeitpunkt beeinflusst den Blattlausbefall, sowohl eine frühe als auch eine späte Saat kann den Erbsenblattlausbefall verringern. Alle Einflussfaktoren wirken sich sortenspezifisch unterschiedlich aus. Neben Saugschäden kommt der Erbsenblattlaus auch eine gewisse Bedeutung bei der Übertragung von Virosen zu.

8.1.3 Lupinen

Die Lupine ist weltweit sehr verbreitet. Lupinen werden vor allem in der Nutztierfütterung eingesetzt. Im Vergleich zu Erbsen und Ackerbohnen verfügt sie über deutlich höhere Rohproteingehalte. Auch die günstige Aminosäurenzusammensetzung und das Fehlen von Trypsinhibitoren (im Gegensatz zur Sojabohne), was einen unverarbeiteten Einsatz möglich macht, sprechen für die Lupine zur Futtererzeugung. Der Anteil an der Anbaufläche ist derzeit gering.

8.1.3.1 Systematik, Herkunft und Bedeutung

Die Lupine *(Lupinus sp.)* gehört zur Familie der Fabaceae (Schmetterlingsblütler). Sie ist eine der ältesten Nutzpflanzen überhaupt. Die Lupine kam als Wildblume von Südamerika in den Mittelmeerraum. Zur Gattung Lupinus zählen einige hundert Arten, wobei aber nur sehr wenige kultiviert werden.

Im Wesentlichen unterscheidet man zwischen folgenden Arten:

- **Ausdauernde** oder **vielblättrige Lupine** *(Lupinus polyphyllus)*
- **Süßlupinen** (Blaue, Gelbe und Weiße Lupine)

Die Vielblättrige Lupine *(Lupinus polyphyllus)* kommt vor allem auf Böschungen und Waldrändern vor und ist eine verbreitete Zierpflanze. Diese Art hat einen Alkaloidgehalt von bis zu 4 %, welcher sie ungenießbar, ja sogar giftig macht. Sie wurde bereits früher als Gründüngungspflanze eingesetzt. Aufgrund ihres guten Durchwurzelungsvermögens wird sie für den Erosionsschutz entlang von Böschungen angebaut.

Durch die Züchtung wurden Arten geschaffen, die einen Alkaloidgehalt von weniger als 0,05 % aufweisen. Man nennt diese Arten Süßlupinen. Die meisten heute verfügbaren Lupinensorten enthalten sogar deutlich weniger als 0,02 % dieser Bitterstoffe. Durch den geringen Alkaloidgehalt sind sie weder gesundheitsschädigend noch bitter und können bedenkenlos von Mensch und Tier verwertet werden. Alkaloidarme Sorten sind allerdings anfälliger gegenüber Schad- und Stressfaktoren.

Bei den Süßlupinen wird zwischen folgenden Arten unterschieden: die Blaue oder Schmalblättrige Lupine *(Lupinus angustifolius),* die Gelbe Lupine *(Lupinus luteus)* und die Weiße Lupine *(Lupinus albus).* Die alkaloidhaltige Blaue Lupine wird hauptsächlich als Gründüngung verwendet, die Weiße und Gelbe Lupine auch für die Körner- und Grünfutterproduktion.

8.1.3.2 Boden und Klima

Lupinen zählen neben den Linsen zu den anspruchslosesten Körnerleguminosenarten. Im Vergleich zu Ackerbohnen und Erbsen reagieren sie weniger empfindlich auf Wasserstress. Aufgrund der tiefen Pfahlwurzel kann die Lupine Trockenphasen länger überstehen. Die Gelbe Lupine kommt mit trockenen Bodenverhältnissen am besten zurecht.

Geeignet sind sandige bis mittelschwere, tiefgründige Böden. Der optimale pH-Wert liegt zwischen 4,5 und 6,5, d.h. die Lupine ist die einzige Körnerleguminose, die auch auf sauren und schwächeren Böden gedeiht. Die Gelbe

TAB. 53: *Schadbild, Übertragungswege und vorbeugende Maßnahmen der wichtigsten Schaderreger der Lupine*

Schaderreger	Schadbild	Vorbeugende Maßnahmen
Anthraknose *(Colletotrichum acutatum)*	Es kommt zu einem nestartigen Auftreten von Absterbeerscheinungen. Die Triebspitzen und Stängel sind verkrümmt und verdreht. Später erscheinen besonders an den Hülsen dunkel umrandete eingesunkene Flecken mit einem rosa Zentrum (Sporenlager des Pilzes). Der Pilz wird über das Saatgut übertragen	• Verwendung von gesundem (anerkanntem) Saatgut • Weitgestellte Fruchtfolge • Heißwasserbeizung kann Befall mindern
Lupinenwelke *(Fusarium oxysporum)*	Zuerst verwelken die Blätter und später die ganze Pflanze. Gleichzeitig kommt es zu einer Verbräunung der Leitungsbahnen	• Weitgestellte Fruchtfolge Verwendung von gesundem (anerkanntem) Saatgut

Lupine bevorzugt die geringeren und die Weiße Lupine die höheren pH-Werte. pH-Werte >7 schließen einen Lupinenanbau aus (auch der Weißen Lupine) (Tabelle 24).

Lupinen benötigen ähnliche Anbauanlagen wie die Sojabohne. Eine Vegetationsperiode von bis zu 180 Tagen und ein mäßig warmes und im Sommer nicht zu feuchtes Klima, ist für die Weiße Lupine optimal. Gelbe und Blaue Lupinen sind mit weitaus weniger Tagen anbaufähig. Die lange Vegetationsdauer der Weißen Lupine macht sie bei feuchter Witterung besonders für pilzliche Schaderreger anfällig (Aufhammer 1998). Die Frostresistenz nimmt von Gelber zur Blauen Lupine von -1 °C bis auf -5 °C zu.

8.1.3.3 Schaderreger und deren Regulierung

Das größte Problem beim Lupinenanbau ist die seit einigen Jahren massiv auftretende Pilzkrankheit Anthraknose. Die Blaue Lupine weist im Gegensatz zur Gelben und Weißen Lupine eine hohe Toleranz gegenüber Anthraknose auf.

* Vektoren: Übertragung durch Pflanzen, Tiere und Menschen.
Vehikeln: Übertragung durch Wind und Wasser;
\+ = zutreffend, - = nicht zutreffend/keine Bedeutung

Quelle: nach mehreren Autoren (u.a. Berger et al. 1989)

Samenbürtig	Bodenbürtig	Andere Übertragungswege	Fördernde abiotische Befallsfaktoren	Vektoren/ Vehikeln*	Wirtspflanzen
+	-	Infizierte Pflanzenreste im Boden	Feuchte, warme Witterung	-	Lupine
-	+	-	Hohe Temperaturen	-	Lupine

Starker Befall kann zum Totalverlust führen. Die Lupinenwelke ist eine typische Fruchtfolgekrankheit. Sie tritt etwa ab Ende Juni auf.
Zu den wichtigsten Schädlingen zählt die Lupinenlaus *(Macrosiphum albifrons),* die aus Nordamerika eingeschleppt wurde. Sie befällt zuerst Bitterlupinen und weicht innerhalb der Süßlupinen zuerst auf die Weiße Lupine aus. Auch die Lupinenfliege *(Phorbia florilega)* kann Schäden verursachen. Durch eine frühe Aussaat und eine weitgestellte Fruchtfolge lassen sich diese Schädlinge weitgehend vermeiden. Die Insekten selbst sind weniger schädlich, sie spielen aber als Vektoren für Virusübertragungen eine bedeutende Rolle.

8.1.4 Sojabohnen

Die Sojabohne zählt auf Grund ihres hohen Eiweiß- (40 %) und Fettgehaltes (20 %) zu den bedeutendsten Nutzpflanzen der Welt.

In der menschlichen und tierischen Ernährung sowie als nachwachsender Rohstoff ist die Sojabohne die bedeutendste Leguminosenart.

8.1.4.1 Systematik, Herkunft und Bedeutung

Die Sojabohne *(Glycine max.)* gehört innerhalb der Familie der Fabaceen zur Gattung der Glycine. Die heute angebaute Kultursojabohne *(Glycine max.)* stammt von der Art *Glycine soja,* die in Ostasien beheimatet war. Sie wird seit ca. 2.800 v. Chr. in China kultiviert. Die natürliche Verbreitung reicht von China, Indien, Indochina, Japan, Java bis nach Sumatra (Schuster et al. 1998). Im Habitus ist die Sojabohne der Buschbohne sehr ähnlich. Sie ist eine einjährige Pflanze und entwickelt eine bis zu zwei Meter tiefe Pfahlwurzel. Sie ist eine Kurztagspflanze (maximale Tageslänge 13–14 Stunden). Die in unseren Breiten vorherrschenden Langtagbedingungen verzögern daher die Blüh- und Ertragsbildung.
Hauptanbaugebiete der Sojabohne sind die USA, Südamerika und Südostasien. In Europa hat sich der Anbau von Sojabohnen nur in günstigen Anbaugebieten

des Südens durchgesetzt. Die Bioanbaufläche nimmt langsam zu, der Anteil an der Fruchtfolge liegt allerdings noch unter 1 %.
Züchtungsarbeiten auf Tagneutralität bzw. Anpassung an mitteleuropäische Tageslängen waren erfolgreich, sodass in unseren gemäßigten Breiten einige Sojabohnensorten in guten Körnermaislagen angebaut werden können (die Reifegruppe „000" [sehr früh] und die Reifegruppe „00" [früh]).

8.1.4.2 Boden und Klima

Die Sojabohne stellt ähnliche Ansprüche an das Klima wie der Körnermais. Sie verlangt ein warmes und feuchtes Klima. Bis -2 °C besteht Frostresistenz. Die optimale Lufttemperatur für das Wachstum liegt zwischen 20 und 25 °C. Der Blühbeginn ist die kritische Phase. Herrschen zu dieser Zeit Temperaturen unter 8 °C, findet keine Befruchtung statt, und die Blüten fallen ab.
Wichtig ist auch ein milder und sonniger Herbst, um eine gute Abreife zu gewährleisten.
Sojabohnen gedeihen am besten auf tiefgründigen, mittelschweren Böden. Der optimale pH-Wert liegt zwischen 6,5 und 7. Ungeeignet sind staunasse und flachgründige Böden sowie Böden mit großen Unebenheiten und Verkrustungen. Auch steinige Böden und Moorstandorte sind zu meiden. Die erforderliche Vegetationsperiode beträgt 150 bis 180 Tage.

8.1.4.3 Schaderreger und deren Regulierung

Bei der Sojapflanze treten eine Reihe von samen- und bodenbürtigen Schaderregern auf. Somit kommt fruchtfolgetechnischen Maßnahmen und der Saatgutqualität eine hohe Bedeutung in der Förderung der Pflanzengesundheit zu. Zu den wichtigsten Krankheiten der Sojabohne zählen die Keimlings- und Auflaufkrankheiten, der Falsche Mehltau, die Fusarium-Wurzelfäule, die Sojabohnenmosaik-Krankheit, die Bakterielle Blattdürre und die Bakterielle Pustelkrankheit.
Bei Sojabohnen treten dieselben Schädlinge wie bei den Erbsen und Ackerbohnen auf (Ackerbohnen- und Erbsenkäfer, der Gestreifte Blattrandkäfer und die grüne Erbsenblattlaus).

TAB. 54: *Schadbild, Übertragungswege und vorbeugende Maßnahmen der wichtigsten Schaderreger der Sojabohne*

Schaderreger	Schadbild	Vorbeugende Maßnahmen
Keimlings- und Auflaufkrankheiten (z. B.: *Aspergillus* sp., *Botrytis cinerea, Fusarium* spp., *Rhizotonia solani, Sclerotinia sclerotiorum, Erwinia phytophtora, Pseudomonas glycinea*)	Die Keimpflanzen sind in ihrer Entwicklung stark gehemmt, der Aufgang ist lückig. Teilweise sind die Pflanzen verwelkt und fallen um. Auf den Keimblättern, dem Stängelgrund und den Wurzeln bilden sich ev. Nekrosen aus.	• Verwendung von gesundem (anerkanntem) Saatgut • Optimale Saatbettbereitung • Weitgestellte Fruchtfolge • Frühzeitiger Anbau
Falscher Mehltau *(Peronospora manshurica)*	Auf der Blattoberseite treten zuerst gelb-grüne Flecken auf, die sich später graubraun und schließlich dunkelbraun verfärben. Teilweise sind die Ränder gelbgrün. An der Blattunterseite sind die Flecken grau. Es kommt zu einem vorzeitigen Blattabfall.	• Verwendung von gesundem (anerkanntem) Saatgut • Richtige Sortenwahl • Optimale Saatbettbereitung
Fusarium-Wurzelfäule (*Fusarium oxysporum Schlecht.* und andere *Fusarium*-Arten)	An den unteren Stängelteilen und an Wurzeln verursacht der Pilz dunkelbraune Flecken (Läsionen). Vor allem die Keim- und Jungpflanzen sind von der Welke befallen.	• Weitgestellte Fruchtfolge • Frühzeitiger Anbau • Verwendung von gesundem (anerkanntem) Saatgut • Optimale Saatbettbereitung

* Vektoren: Übertragung durch Pflanzen, Tiere und Menschen.
Vehikeln: Übertragung durch Wind und Wasser; **ZW: Zwischenwirt
+ = zutreffend, - = nicht zutreffend/keine Bedeutung

Quelle: nach mehreren Autoren
(u.a. Berger et al. 1989)

Samen-bürtig	Boden-bürtig	Andere Über-tragungswege	Fördernde abiotische Befallsfaktoren	Vektoren/ Vehikeln*	Wirts-pflanzen
+	+	-	Nasskalte Witterung	-	Leguminosen
-	-	Überwinterung im Gewebe von Pflanzenorganen	Feuchte Witterung, Temperaturen ab 20–22 °C	-	Sojabohne
+	+	-	Starke Regenfälle, Bodenverdichtung	-	Sehr verbreitet: Spargel, Soja-bohne, Garten-bau, Obstbau usw.

Schaderreger	Schadbild	Vorbeugende Maßnahmen
Sojabohnen-mosaik	Befallene Pflanzen sind kleiner, die Hülsen in der Spitzenregion wachsen kümmerlich und die Samen reifen später. Junge Blätter zeigen als erstes Symptom etwa zwei Wochen nach der Infektion gelbliche Adernaufhellungen. Wenn kühle Witterung herrscht, entstehen an den nachfolgenden Blättern teilweise starke Kräuselungen (Blattrand ist nach unten gebogen) und charakteristische grüne Mosaikflecken. Bei warmen Witterungsbedingungen sind diese Symptome verdeckt. Die Blätter wirken normal, werden aber später ledrig und brüchig	• Verwendung von gesundem (anerkanntem) Saatgut • Frühzeitige Bekämpfung der Blattläuse (Förderung von natürlichen Feinden, Spritzen von Pflanzenbrühen und Jauchen, Anbau von Fangstreifen) • Frühzeitiger Anbau • Entfernung von viruskranken Pflanzen im 2- bis 4-Blatt-Stadium
Bakterielle Blattdürre *(Pseudomonas glycinea)*	In den Blättern bilden sich kleine, wässrige Flecken aus, die später in braune Nekrosen mit gelber Umrandung übergehen. An den Flecken wird das Blatt dürr und zerreißt	• Verwendung von gesundem (anerkanntem) Saatgut • Kulturarbeiten nur im trockenen Bestand durchführen • Optimale Saatbettvorbereitung
Wildfeuer an Sojabohne *(Pseudomonas tabaci)*	Zuerst verfärbt sich der Bestand leuchtend gelb. Im weiteren Verlauf kann man an den Blättern uneinheitliche braune, nekrotische Flecke mit gelbem Hof erkennen. Bei hoher Luftfeuchtigkeit fließen die Nekrosen zusammen. In der Folge zerreißen die Blätter, sterben und fallen ab	• Verwendung von gesundem (anerkanntem) Saatgut • Richtige Sortenwahl • Kulturarbeiten nur im trockenen Bestand durchführen • Unterpflügen der Ernterückstände • Fruchtfolge mit nichtanfälligen Kulturen • Bei mechanischen Arbeiten Blattverletzungen vermeiden
Bakterielle Pustelkrankheit *(Xanthomonas phaseoli)*	An der Blattunterseite bilden sich dunkelbraune Pusteln. Diese können leicht mit Rostpusteln verwechselt werden. Infolge zerreißt das Blatt und die Blätter fallen ab	• Richtige Sortenwahl • Verwendung von gesundem (anerkanntem) Saatgut • Weitgestellte Fruchtfolge • Sorgfältige Einarbeitung der Ernterückstände • Kulturarbeiten nur im trockenen Bestand durchführen

Samen-bürtig	Boden-bürtig	Andere Über-tragungswege	Fördernde abiotische Befallsfaktoren	Vektoren/ Vehikeln*	Wirts-pflanzen
+	-	-	-	Blattläuse	Leguminosen
+	-	Überdauerung an Pflanzen-rückstände	Kaltes, regnerisches Wetter	-	Sojabohne
+	+	Überdauerung an Pflanzen-rückständen	Regnerisches, windiges Wetter	Mechanisch: über Be-arbeitungs-geräte	Sojabohne, Tabak. Beikräuter
+	+	Überdauerung in infizierten Blättern und Stängeln	Warmes, regnerisches Wetter	Wind, Regen, Insekten	Gartenbohne, Sojabohne

8.2 Weitere Körnerleguminosen

8.2.1 Linsen

8.2.1.1 Allgemeine Beschreibung

Die erstmalige Kultivierung der Linse *(Lens culinaris)* hat ihren Ursprung im Vorderen Orient. Sie zählt zu den ältesten Kulturpflanzen des dortigen Ackerbaus. Das Hauptanbaugebiet der Linse ist Asien, wobei etwa 50 % in Indien angebaut werden. In Europa liegen die Hauptanbaugebiete in Spanien und Frankreich. Die Linse spielt vor allem in der menschlichen Ernährung eine wichtige Rolle. Sie gilt als die schmackhafteste Körnerleguminose und ist am leichtesten verdaulich. Im Gegensatz zu anderen Leguminosenarten ist der Bitterstoffanteil gering, andere nicht erwünschte Inhaltsstoffe sind nicht enthalten. Sie gehört zu den ernährungsphysiologisch sehr wertvollen Körnerleguminosen. Als gesamte Pflanze liefert die Linse auch ein nährstoffreiches und schmackhaftes Viehfutter. Hohe Saatgutkosten und geringe Erträge erklären die geringe Verbreitung in der Praxis.

8.2.1.2 Angaben zum Anbau

Linsen sind schwachwüchsig und daher auch sehr konkurrenzschwach. Auch das Ertragsniveau ist relativ niedrig. Die Nährstoffansprüche sind dementsprechend gering. Die Linse kann auch auf Grenzstandorten wie trockenen, teils steinigen Böden noch kultiviert werden (Aufhammer 1998).
Das Temperaturminimum für die Keimung liegt bei 4–5 °C. Eine kühl-feuchte Witterung während der Blüte führt zu hohen Ertragsausfällen. Wie oben erwähnt, ist die Linse sehr konkurrenzschwach, daher muss bei der Saatbettbereitung darauf geachtet werden, dass die Beikräuter weitgehend entfernt sind. Die Beikrautregulierung beginnt im Herbst mit einer Stoppelbearbeitung. Im Frühjahr wird ein- bis zweimal gegrubbert und geeggt, um die Beikrautsamen zum Keimen anzuregen und um ausdauernde Beikräuter zu stören. Die Aussaat erfolgt Mitte April mit einer Ablagetiefe von 3 bis 6 cm. Der Reihen-

abstand beträgt 15–25 cm. Die Bodenbearbeitung und Saatbettbereitung erfolgen so wie im Getreideanbau. Angaben zur Saatmenge variieren zwischen 40 und 80 kg/ha. Auch eine Breitsaat ist möglich. Allerdings muss die Saatmenge um etwa 20 % erhöht werden.
In der Fruchtfolge steht die Linse am Ende der Rotation als abtragende Frucht. Die Fruchtfolge sollte nicht zu eng gestaltet sein, und auch der Anbau anderer Körnerleguminosen sollte nicht häufiger als alle vier Jahre (besser: sechs Jahre) erfolgen. Als Vorfrüchte eignen sich Wintergetreidearten. Am besten gedeiht die Linse nach Hackfrüchten (besonders nach Kartoffeln), die den Boden beikrautfrei hinterlassen. Günstige Nachfrüchte sind Wintergetreidearten, Hackfrüchte und Mais.
Im Gemengeanbau sind Gerste und Hafer die häufigsten Partner. Die Linsen können sich an den Getreidehalmen abstützen. Linsen im Gemenge sind auch weniger der Verbeikrautung ausgesetzt und die Abreife erfolgt gleichmäßiger. Die Aussaatstärke der Linse im Gemenge liegt bei ca. 70 bis 90 % der üblichen Reinsaatstärke (55 bis 75 kg/ha). Beim Getreide wird die Aussaatstärke stark reduziert (10 bis 30 % der üblichen Reinsaatstärke), da die Linse ein schwacher Konkurrent im Gemenge mit Getreide ist. In der Praxis hat sich auch die Mischkultur mit Leindotter bewährt. Wegen der geringeren Massebildung lohnt es sich kaum, Linsen als Futter oder Gründüngung anzubauen. Nur auf sehr trockenen Standorten kann die Linse als Gründüngung oder Grünbrache anstelle der Erbse, Wicke oder Lupine empfohlen werden.
Die Linse besitzt ein gutes Nährstoffaneignungsvermögen. Der Düngebedarf ist daher sehr gering. Die Stickstofffixierleistungen liegen bei 30–100 (Mittelwert 60) kg N/ha. Die Nährstoffentzüge sind vergleichsweise gering.

TAB. 55: *Erträge und Nährstoffentzüge der Linse*

Ernteprodukt	Erträge in kg/ha	Nährstoffe in kg/ha N	P_2O_5	K_2O
Körner	800–1.600	31–62	7–14	7–15
Stroh	1.300	20	4	19
Summe Nährstoffe		**51–82**	**11–18**	**26–34**

Quelle: Schmidtke et al. (2004); DLG (1997)

8.2.1.3 Ernte, Lagerung, Inhaltsstoffe, Verwendung

Die Ernte der Linsen erfolgt, wenn die unteren Hülsen braun werden. Die ungleichmäßige Abreife der Körner kann bei der Linsenernte zu Problemen führen. Für die Ernte werden Mähdrescher eingesetzt, die mit einem Raps-Schneidwerk und Seitenmessern ausgerüstet sind. Auch der Einsatz von Ährenhebern ist zu empfehlen. Nach der Ernte muss umgehend getrocknet werden. Die Linse wird nicht nur durch ihren hohen Proteingehalt als ernährungsphysiologisch so wertvoll eingestuft, sondern vor allem wegen der Zusammensetzung der Vitamingehalte im Samen (Tabelle 56). Die essenziellen Aminosäuren sind im Vergleich zum Sojaeiweiß mit ähnlich hohen Anteilen vertreten (Tabelle 46). Für die tierische Ernährung ist die Linse ebenso ein wertvoller Proteinlieferant. Sie enthält im Durchschnitt 30 % Rohprotein in der Trockenmasse.

TAB. 56: *Vitamingehalte in Samen von einigen Körnerleguminosen im Vergleich zu Weizen in mg/100g Trockenmasse*

Art	Vitamin C	Thiamin	Riboflavin	Niacin
Ackerbohne	4,0	0,53	0,30	2,0
Linse	4,0	0,46	0,30	2,0
Lupine	5,0	0,24	0,40	2,6
Weizen	0	0,57	0,12	4,3

Quelle: Keller et al. (1999)

8.2.2 Platterbsen

8.2.2.1 Allgemeine Beschreibung

Die Gattung *Lathyrus* umfasst etwa 120 Arten (Hegi 1964). *Lathyrus sativus* ist als einzige für eine Kornnutzung in der menschlichen und tierischen Ernährung geeignet. Die Platterbse wird auch Saat-Platterbse, gewöhnliche Platterbse, Deutsche Kichererbse oder Edelwicke genannt. Es gibt drei Unterarten: die gewöhnliche Platterbse (*Lathyrus sativus* L.), die rotblühende Platterbse (*Lathyrus cicera* L.) und die purpurblühende Platterbse (*Lathyrus tingitanus* L.).

Die Platterbse ist eine sehr alte Leguminosenart, stammt ursprünglich aus Asien und gilt heute als typische Erbsenart des mediterranen Raums.

8.2.2.2 Angaben zum Anbau

Die Platterbse ist relativ anspruchslos, die Trockentoleranz und Frühfrostverträglichkeit ist gut ausgeprägt.

Die Platterbse gedeiht am besten auf bindigen, kalkreichen Böden von mittlerer Feuchtigkeit bei warmer Witterung.

Sie wird als Hauptfrucht für die Samenproduktion und Körnerfutternutzung (derzeit weniger) sowie als Zwischenfrucht zur Gründüngung und Grünfutternutzung angebaut.

TAB. 57: *Platterbsen im Gemenge für den Sommerzwischenfruchtanbau*

Gemenge	Saatstärke kg/ha	Nutzung	Bemerkung
Platterbse Ölrettich	25 6	Gründüngung	Abfrierend; Kombination von Leguminosen und Nicht-Leguminosen
Saatwicke Platterbse Alexandrinerklee Phacelia Buchweizen Senf Malve	20 10 10 5 3 1 1	Gründüngung	Abfrierend; trockentolerante, leguminosenbetonte, artenreiche Mischung
Platterbse Zottelwicke Buchweizen Alexandrinerklee Perserklee Sonnenblumen	15 10 10 4 4 1	Futter oder Silage	Abfrierend; Kombination von Leguminosen und Nicht-Leguminosen

Quelle: Keller et al. (1999)

Die Saat erfolgt entweder als Hauptfrucht im Frühjahr, als späte Untersaat z.B. in Mais oder Sonnenblumen, oder als Zwischenfrucht im Sommer. Die Saattiefe sollte etwa 4–6 cm betragen.
Sofern nicht ausgesprochene Dürre herrscht, sind optimale Voraussetzungen für eine hohe Ertragleistung bei einer Aussaat als Zwischenfrucht im Juli/August bei hohen Temperaturen gegeben. Die Platterbse zeigt eine hohe Biomasseentwicklung versus geringer Bodenbedeckung. Deshalb ist ein Anbau im Gemenge mit legumen oder nicht-legumen Zwischenfrüchten sinnvoll (Tabelle 57).
Platterbsen sind mit sich selbstverträglich. Im Winter sterben sie bei Frost ab.

8.2.2.3 Ernte, Lagerung, Inhaltsstoffe, Verwendung

Da die eiweißreiche Platterbse von vielen Tierarten gerne gefressen wird und der Futterwert hoch ist, ist sie auch für die Verwendung als Grünfutter oder Silage sehr gut geeignet.
Allerdings kann es bei einer Reinverfütterung von Platterbse bei den Tieren zu lähmungsähnlichen Erscheinungen kommen. Die Verfütterung von Platterbsen als Grünfutter, Heu oder Schrot ist dann unbedenklich, sofern die Fütterung nicht ausschließlich durch Platterbsen erfolgt.

8.2.3 Wicken

8.2.3.1 Allgemeine Beschreibung

Die Wicken lassen sich in eine Sommer- und Winterform unterteilen. Die Saatwicke *(Vicia sativa)* wird auch Futterwicke, Sommerwicke, Ackerwicke oder Taubenwicke genannt. In unseren Breiten wird sie als einjährige sommerannuelle Pflanze angebaut. Die Zottelwicke *(Vicia villosa)* oder Winterwicke dient als Winterzwischenfrucht zur Verfütterung, meist im Gemenge mit Winterroggen.
Generell finden Wicken als Grünfutter- und Gründüngungspflanzen einen Platz in der Fruchtfolge von Bio-Betrieben.

8.2.3.2 Angaben zum Anbau

Saatwicke

Die Saatwicke ist eine beliebte Gründüngungs- bzw. Grünfutterpflanze (Tabelle 58). Sie wird bevorzugt eingesetzt, wenn Erbsen oder Ackerbohnen als Hauptfrucht angebaut werden. Die Ansprüche an Klima und Boden sind bescheiden. Gegenüber sauren Böden ist die Saatwicke zwar tolerant, als optimal sind jedoch pH-Werte um 6 zu bevorzugen. Die Wicke ist trockenresistent und eignet sich zum Anbau in kalkreichen und trockenen Lagen. Zur Blüte und Kornfüllung benötigt sie jedoch erhebliche Mengen Wasser, um ansprechende Erträge zu erzielen. Gegen Staunässe ist sie empfindlich. Die Aussaattiefe beträgt 3–5 cm, die Keimung erfolgt hypogäisch (Tabelle 34). Die Aussaat sollte bis Ende Juli erfolgen. Das TKM liegt zwischen 20 und 50 g.

TAB. 58: *Saatwicken im Gemenge für den Sommerzwischen- bzw. Hauptfruchtanbau*

Gemenge	Saatstärke kg/ha		Standort	Nutzung	Bemerkung
Saatwicke	35	30	Fast alle	Gründüngung	Abfrierend;
Grünfuttererbse	95	30	geeignet		für leguminosen-
Ackerbohne	15	60			arme Fruchtfolgen
Summe	**145**	**120**			
Saatwicke	20		Fast alle	Futter	Abfrierend;
Grünfuttererbse	35		geeignet		Kombination von
Ackerbohne	25				Leguminosen und
Ölrettich	2				Nicht-Leguminosen
Sonnenblume	7				
Summe	**89**				

Quelle: Rauber und Hof (2003)

Zottelwicke

Bekannt wurde die Zottelwicke als Bestandteil des „Landsberger Gemenges". Dieses setzt sich aus der Zottelwicke, Inkarnatklee und Welschem Weidelgras zusammen. Das Gemenge wird in recht verschiedenen Mengenverhältnissen angeboten. Die empfohlenen Aussaatstärken schwanken für jede Art um 20 kg/ha (Tabelle 59). Die Ansprüche an Klima und Boden sind noch geringer als bei der Saatwicke. Wenn die Wasserversorgung gewährleistet ist, gedeiht sie auch auf

TAB. 59: *Zottelwicken im Gemengeanbau*

THYROWER GEMISCH Arten	Saatstärke kg/ha	GOLZOWER GEMISCH Arten	Saatstärke kg/ha	WICKROGGEN Arten	Saatstärke kg/ha	
Zottelwicke	40	Zottelwicke	40	Zottelwicke	20	50
Knaulgras	12	Winterraps	12	Winterroggen	100	70
Winterrübsen	12	Bastardweidelgras	25			
Summe	**64**	**Summe**	**77**	**Summe**	**120**	**120**

Quelle: Rauber und Hof (2003)

sandigen Böden mit einer niedrigen Ackerzahl (30) und geringer. Ein warmer, feuchter Herbst und ein trockener Frühling gelten als optimal. Sie hat ein gutes Aufnahmevermögen für schwerlösliche Nährstoffe. Der optimale pH-Wert liegt bei 6,5–7,0. Das TKG variiert zwischen 20 und 40 g. Angebaut wird im September, mit einer Ablagetiefe von 2–5 cm.

8.2.3.3 Ernte, Lagerung, Inhaltsstoffe, Verwendung

Saatwicke

Die Nährstoffzusammensetzung in den Samen der Saatwicke ist der Ackerbohne sehr ähnlich (Tabelle 45, Tabelle 46). Trotzdem ist die Körnernutzung für die Fütterung nicht interessant, da die Erträge gering sind. Auch stellen sogenannte antinutritive (Cyanogene Glukoside = Blausäure, Vicin, Convicin) Substanzen ein Risiko dar, sodass von einer Verfütterung von unbehandelten Körnern abzuraten ist. Die gesundheitsschädigenden Substanzen und der bittere Geschmack lassen sich durch einfache Verfahren (Einquellen, Wasserdampfbehandlung) entfernen. Der so behandelte Wickenschrot kann unbedenklich an Kühe (bis zu 3 kg je Tag) und die behandelten Samen an Geflügel (in beliebiger Menge) verfüttert werden (Schuster et al. 1998).

Zottelwicke

Die Futter- und Eiweißleistung der Zottelwicke ist hoch. Aus ernährungsphysiologischen Gründen ist eine Reinverfütterung aber nicht zu empfehlen.

9 Literatur

- Aufhammer, W. (1998): Getreide- und anderen Körnerfruchtarten. Eugen Ulmer Verlag, Stuttgart, 560 S.
- Aufhammer, W. (1999): Mischanbau von Getreide- und anderen Körnerfruchtarten. Eugen Ulmer Verlag, Stuttgart, 310 S.
- Berger, H. K., Cate, P., Kurtz, E., Zwatz, B. (1989): Krankheiten, Schädlinge und Nützlinge im Eiweiß- und Ölpflanzenbau. Verlag Jugend & Volk, Wien, 184 S.
- Blick ins Land (2004): Blick ins Land, das Magazin für den ländlichen Raum, Nr. 7/2004.
- BMLFUW (2002/03): Grundlagen zur Ermittlung der Maschinenkosten. Ergänzungsheft 1 zum Katalog von Standarddeckungsbeiträgen und Daten für die Betriebsberatung 2002/2003. BMLFUW, Wien.
- BMLFUW (2002): Standarddeckungsbeiträge und Daten für die Betriebsberatung im Biologischen Landbau 2002/2003. BMLFUW, Wien.
- Diepenbrock, W., Fischbeck, G., Heyland, K. U., Knauer N. (1999): Spezieller Pflanzenbau, 3. Auflage, Eugen Ulmer Verlag, Stuttgart-Hohenheim, 523 S.

- DLG (1997): DLG-Futterwerttabellen, Wiederkäuer. Hrsg.: Universität Hohenheim, 7., erweiterte und überarbeitete Auflage. DLG-Verlag-GmbH, Frankfurt am Main.
- Freyer, B. (2003): Fruchtfolgen – konventionell, integriert, biologisch. Verlag Eugen Ulmer, Stuttgart, 230 S.
- Graß, R., C. Schüler, P. Urbatzka (2004): Die Wiederentdeckung der Wintererbse. Bioland, 4, S.12.
- Hansen, A. (1985): Körnerleguminosen. Rationalisierungskuratorium für Landwirtschaft, Kiel: 417–491.
- Hampl, U. (1996): Gründüngung – Grundlagen der Bodenfruchtbarkeit. Stocker Verlag, Graz, 119 S.
- Hegi, G. (1964): *Pisum L.,* Erbse. In: Illustr. Flora von Mitteleuropa. 2. Auflage, Bd. IV/3. 1610–1619. Verlag Paul Parey, Berlin.
- Herrmann, G. und Plakolm, G. (1993): Ökologischer Landbau. Grundwissen für die Praxis. 2. Auflage, Österreichischer Agrarverlag, Wien, 428 S.
- Jost, B. (2003): Untersuchungen und Kalkulationstabellen zur Schätzung der N_2-Fixierleistung und der N-Flächenbilanz beim Anbau von *Lupinus albus* und *Lupinus luteus* in Reinsaat und von *Vicia faba* und *Pisum sativum* in Reinsaat und Gemenge mit *Avena sativa.* Diss. Univ. Göttingen.
- Justus, M. und Köpke, U. (1995): Strategies to reduce nitrogen losses via leaching and to increase precrop effects when growing faba beans. Biological Agriculture and Horticulture 11, S. 145–155.
- Kahnt, G. (1986): Biologischer Pflanzenbau; Möglichkeiten und Grenzen biologischer Anbausysteme. Verlag Eugen Ulmer, Stuttgart, 228 S.
- Köhnlein, J. und Vetter, H. (1953): Ernterückstände und Wurzelbild. Verlag Paul Parey, Hamburg und Berlin, 138 S.
- Keller, R., Hanus, H., Heyland, K. U. (1999): Knollen- und Wurzelfrüchte, Körner- und Futterleguminosen. Kap. II, Verlag Eugen Ulmer, Stuttgart, 852 S.
- Löhr, L. (1990): Faustzahlen für den Landwirt. 7. Auflage 1990, Leopold Stocker Verlag, Graz, 319 S.
- Makowski, N. (2003): Gemischte Kulturen sind ökologischer. Der fortschrittliche Landwirt 2/2003, S. 10–11.

- Nowack, K. H. (1990): Phosphorversorgung biologisch bewirtschafteter Äcker und Möglichkeiten der Bioindikation. Diss., Univ. Göttingen.
- Rauber, R. und Hof, C. (2003): Anbau von Gemengen im ökologischen Landbau. Institut für Pflanzenbau und Pflanzenzüchtung, Göttingen. Herausgeber: Geschäftsstelle Bundesprogramm Ökologischer Landbau in der Bundesanstalt für Landwirtschaft und Ernährung (BLE), Bonn.
- Rübensam, P. und Rauhe, G. (1969): Boden, Klima, Düngung und Ertrag – zit. in NOWACK (1990).
- Schmiechen, U. (2004): UFOP-Praxisinformation, Anbauratgeber Blaue Süßlupine, Union zur Förderung von Öl- und Proteinpflanzen E. V., Berlin.
- Schmidtke, K., Neumann, A., Hof, C. und Rauber, R. (2004): Soil and atmospheric nitrogen uptake by lentil (*Lens culinaris* Medik.) and barley (*Hordeum vulgare* ssp. *nudum* L.) as monocrops and intercrops. Field Crops Research 87: 245–256.
- Schuster, W. H., Alkämper, J., Marquard, R., Stählin, A., Stählin, L. (1998): Leguminosen zur Kornnutzung. http://bibd.uni-giessen.de/gdoc/2000/uni/p000003/deckblat.htm.
- Sneyd, J. (1995): Alternative Nutzpflanzen. Eugen Ulmer Verlag, Stuttgart, 143 S.
- Wiese, J. (1990): Dünn und früh säen sichert den Ertrag. top agrar 2; S. 58–60.
- Zollitsch, W., Wagner, E., Wlcek, S. (2002): Ökologische Schweine/Geflügelfütterung. Österreichischer Agrarverlag, Wien, 112 S.

IMPRESSUM

© 2005 avBUCH
im Österreichischen Agrarverlag
Druck- und Verlagsges.m.b.H. Nfg.KG,
Achauerstraße 49A, A-2333 Leopoldsdorf
Internet: www.avbuch.at
E-Mail: buch@avbuch.at

Dieses Werk ist einschließlich aller seiner Teile urheberrechtlich geschützt. Jede Verwertung außerhalb der engen Grenzen des Urheberrechtsgesetzes ist ohne Zustimmung des Verlages unzulässig und strafbar. Das gilt insbesondere für Vervielfältigungen, Übersetzungen, Mikroverfilmungen und die Einspeicherung und Verarbeitung in elektronischen Systemen.

Die AutorInnen danken Erde & Saat für die freundliche Unterstützung.

PROJEKTLEITUNG & LEKTORAT:
Alexandra Mlakar, avBUCH
ABBILDUNGEN: AutorInnen
GRAFISCHE GESTALTUNG & SATZ:
armanda,geisler Wien
DRUCK: Landesverlag Druckservice, Linz
Printed in Austria
1. Auflage
ISBN 3-7040-2032-X

BIO-SAATGUT AUSTRIA

Die Dachmarke für österreichisches BIO-Saatgut

Von österreichischen BIO-Verbandsbetrieben produziert!

Geprüft und aufbereitet in Österreich!

Bessere Saatgutqualität!

Gentechnik-Freiheit!

Kontakt: Bio Austria • Telefon: 01/403 70 50 • E-Mail: office@bio-austria.at

SAATGUT der Dachmarke BIO-SAATGUT AUSTRIA ist zertifiziert und kontrolliert durch das BUNDESAMT für ERNÄHRUNGSSICHERHEIT

BIO SAAT

Ihr Partner in Sachen Biogetreide

- **Getreideaufbereitung**
  Vorreinigen, Sortieren, Entspelzen
- **Bio Saatgut**
  Getreide, Körnerleguminosen, Sämereien
- **Bio Konsumgetreide**
  Dinkel, Roggen, Weizen, Einkorn
- **Bio Futtergetreide**
  Getreide, Körnerleguminosen, Fertigfutter
- **Dinkelspelzen (entstaubt)**
  z.B. für Legehennenbetriebe

Rufen Sie uns an, wir beraten Sie gerne !

+43 (0)7282 / 7648-0 FAX DW 15
A - 4122 ARNREIT • Eckersberg 4
www.biosaat.at • info@biosaat.at

Ihr Partner für BIO-Saatgut

Unser Angebot an BIO-Saatgut bei Futter- und Körnerleguminosen:

BIO-Sojabohne

BIO-Körnererbse

BIO-Futtererbse
(Peluschke)

BIO-Platterbse
(Fam.Latyrus)

BIO-Ackerbohne

BIO-Blaue Lupine

BIO-Sommerwicke

BIO-Rotklee

BIO-Alexandrinerklee

BIO-Luzerne

Sortenbeschreibungen und weitere Kulturarten finden Sie unter
www.saatbaulinz.at

saatbau linz®
Saat gut – Ernte gut.

A-4021 Linz, Tel. 0732/38 900-0, Fax: 0732/38 58 17, office@saatbaulinz.at, www.saatbaulinz.at

Index